JN336105

初学者のための
統計教室
安藤洋美・門脇光也共著

現代数学社

前書き

　本書は初歩的な統計学を必要とする人々のための入門書である．予備知識としては，高等学校の数学，特に代数と線形代数および微積分初歩を念頭に置いている．統計学は確率論に基礎をおいているので，検定や推定において解析学の知識を必要とする確率分布関数を利用するが，確率分布関数を厳密に数学的に導こうとすると，初学者たちに拒絶反応が起こる．それで本書では数学にあまり深入りせず，図や例題などで理解が深まるような説明方法をとった．ただ，数学を利用する以上，どうしても記号には慣れて貰わないと困る．記号の意味を十分に理解してほしい．そうすれば，自然と数学解析の部分も分かってくると思う．

　最近は統計パッケージが普及して，データを入力すれば，ヒストグラムのみならず，平均も分散も相関係数もみんな勝手に計算してくれる．しかし，少なくとも電卓をもって平均や分散や相関係数の数値は弾き出しながら，それらのもつ意味を一つ一つ確認して行く努力をしなければ，思うように統計学の知識を実用化することはできない．それで，本書ではできるだけ統計的諸概念の意味を理解できるように，歴史的認識も含めて解説したつもりである．

　著者の一人は，長年にわたって福祉関係の仕事をしてきたので，その方面の方々の統計的ニーズにもこたえられるように配慮したつもりである．

　しかし，いろいろ至らぬ点も多いと思うが，大方のご叱正をいただければありがたい．

　　2003年冬

　　　　　　　　　　　　　　　　　　　　　　　　　　　　　　著者

目　次

前書き
第一章　統計学の目的
   1. 数と生活　　　　　　　　　　　　　　　　　　1
   2. 五つのW　　　　　　　　　　　　　　　　　　4
   3. 大数法則　　　　　　　　　　　　　　　　　　7
   4. 母集団と標本　　　　　　　　　　　　　　　　9
   5. データのとり方　　　　　　　　　　　　　　　11
   6. データの分析　　　　　　　　　　　　　　　　16
      問題　1　　　　　　　　　　　　　　　　　19

第二章　集団の特性値を示す数値
   1. 位置の測度　　　　　　　　　　　　　　　　　21
   2. バラツキの測度　　　　　　　　　　　　　　　27
   3. 位置の測度とバラツキの測度の関係　　　　　　31
      問題　2　　　　　　　　　　　　　　　　　33

第三章　確率
   1. 確率の定義（客観的確率）　　　　　　　　　　37
   2. 加法定理　　　　　　　　　　　　　　　　　　38
   3. 主観的確率　　　　　　　　　　　　　　　　　40
   4. 乗法定理　　　　　　　　　　　　　　　　　　41
   5. 計数　　　　　　　　　　　　　　　　　　　　45
      問題　3　　　　　　　　　　　　　　　　　47

第四章　確率モデル
   1. 度数分布　　　　　　　　　　　　　　　　　　51
   2. 二項モデル　　　　　　　　　　　　　　　　　53

  3. ポアッソン分布   58
  4. 指数分布   62
   問題 4   64

第五章 正規分布
  1. 連続的事象の確率   67
  2. 正規分布   68
  3. 正規確率紙   73
  4. Q−Qプロット   77
  5. 偏差値   78
  6. 最小二乗法の原理   80
   問題 5   81
   〈寸言 1〉   83
   〈寸言 2〉   83

第六章 大数の法則と中心極限定理
  1. 期待値の性質   85
  2. 分散の性質   88
  3. 大数の弱法則   90
  4. 中心極限定理   92
  5. 共分散と相関係数   94
   問題 6   101

第七章 統計的推定
  1. 母集団と標本   104
  2. 不偏推定量   106
  3. 有効推定量   108
  4. 区間推定（その1）   110
  5. 区間推定（その2）   113
  6. 区間推定（その3）   116
  7. 区間推定（その4）   119
   問題 7   121

第八章　統計的仮説検定
1. 仮説検定とは何か　　　　　　　　　　　　125
2. 仮説検定の実例　　　　　　　　　　　　　129
3. F 分布と分散に関する検定　　　　　　　　132
4. いろいろな検定法　　　　　　　　　　　　135
5. 多重比較　　　　　　　　　　　　　　　　142
　　〈寸言　3〉　　　　　　　　　　　　　　143
　　〈寸言　4〉　　　　　　　　　　　　　　144
　　問題　8　　　　　　　　　　　　　　　　145

第九章　時系列分析
1. 時系列とは　　　　　　　　　　　　　　　149
2. 平滑化　　　　　　　　　　　　　　　　　151
3. 自己相関係数（コレログラム）　　　　　　154
　　問題　9　　　　　　　　　　　　　　　　155

第十章　分散分析法
1. 一元配置分散分析法　　　　　　　　　　　157
2. 二元配置分散分析法　　　　　　　　　　　160
　　問題　10　　　　　　　　　　　　　　　 162

第十一章　多変量解析法
1. 基本的な考え方　　　　　　　　　　　　　164
2. 重回帰分析　　　　　　　　　　　　　　　164
3. 主成分分析　　　　　　　　　　　　　　　167
4. 判別分析　　　　　　　　　　　　　　　　170
　　〈寸言　5〉　　　　　　　　　　　　　　172
　　問題　11　　　　　　　　　　　　　　　 174

　　参考文献　　　　　　　　　　　　　　　　176
　　統計数値表　　　　　　　　　　　　　　　179
　　索引　　　　　　　　　　　　　　　　　　190

第一章　統計学の目的

1. 数と生活

　今日，世界の多くの都市に住んでいる人たちは，お互いに電話やインターネットで，リアルタイムに（即時に）連絡を取り合うことができる．このようなことを最初にしようと考えて，大西洋海底電線敷設を行なったのは，19世紀最大の物理学者といわれる**ウィリアム・トムソン**（William Thomson；Lord Kelvin；1824-1907）であった．彼は

　「君が語りつつある所のものを，君が測定することができ，数で表現することができるなら，それについて君は何事かを知ることになろう．ところが君はそれを測ることができず，それを数で表現できなければ，君の知識は貧しく，役に立たない」

と言っている．電磁気の単位と測定の問題に精力的に取り組んだ人として，この言は重みがある．現在，我々は朝目覚めて見る時計から，夜寝る前に切るテレビのチャンネルに至るまで，日常生活の中でふんだんに数と出会い，数と付き合い，数を利用している．このように，我々の生活を取り巻く多くの数の中で，現実の集団に関係する数を**統計**という．

　日本人で統計に関心をもった最初の人は**杉亨二**（文政 11 年，1828－大正 6 年，1917）である．杉亨二は長崎の出身で 10 才頃に両親と別れ，孤児となった．医師だった祖父の門弟たちの間をあちこち渡り歩いて少年期を過ごした．大村藩の村井徹齋のもとに引き取られ，村井の江戸出府について来て，杉田成卿の弟子になり，蘭学を修めた．その後，開成所で教授見習い方となる．安政 2, 3 年頃，バイエルンの教育に関し，読み書き算盤のできるものが 100 人中何人，できないものが何人とか書いてあったのを，いずれ我が国でも必要になる情報だろうと思うようになった．また彼はオランダの統

計書を見て，100人中男が何割何分何厘とか，女が何割何分何厘と書いてあるのを妙な調べ方だと思ったそうである．

(例1) 明治維新で無禄無産の状況にあった杉は，沼津兵学校の教授に迎えられた．それで杉は生活にも余裕ができ，沼津の人口調査を行なった．それが日本最初の統計調査の結果で『駿河国沼津政表』として纏められた．

(表1) [明治2年5月16日から6月1日までの調べ]

年令	男	女	年令	男	女	年令	男	女
0— 1	117	96	30—34	210	226	65—69	34	81
2— 4	203	192	34—39	232	218	70—74	38	46
5— 9	311	289	40—44	195	207	75—79	19	37
10—14	287	266	45—49	236	214	80—84	5	10
15—19	396	472	50—54	169	160	85—89	1	3
20—24	345	375	55—59	134	129	90—	0	1
25—29	275	338	60—64	89	121	才	人	人

これが生のデータと呼ばれるものである．これをもとにして，いろいろなことが分かる．まず男女それぞれの人数の和を取る．男が3296人，女が3481人，沼津の全人口は6777人である．それで全人口に対する男の割合は4割8分6厘，女の割合は5割1分4厘である．9才までは男：女＝109：100だが，全体では男：女＝100：105.6と男女比率が逆転する．

この表で年令の高い方から累積和を取ってみよう．(＊)は下からの累積和を最大1000になるよう換算した．

(表2)の(＊)欄は一種の男子死亡生残表で，**死亡の法則**を示している．「一種の」という言葉を使ったのは，明治元年800万石だった徳川宗家が駿河70万石に閉じ込められた際，江戸から多数の武士とその家族が移住してきて，15才から50才までの人数に不規則な変動が見られるからである．死亡表を作るには，人口の流入と流出のバランスがとれ，かなりの期間疫病の流行がなく，戦乱や天変地異がないなど，静止人口であることが必要である．沼津はその要件を満たしているわけではない．けれども，(表2)を視覚化して折れ線グラフで示すと，極めて秩序立った死亡法則が看て取れる．

1. 数と生活

[ケルヴィン卿]　　　　　　　　[杉　亨二]

(表2) [(表1)を加工したもの]

年令	下からの累積和	*	年令	下からの累積和	*
0 −	3296	1000	45 −	725	220
2 −	3277	994	50 −	489	148
5 −	2976	903	55 −	320	97
10 −	2665	806	60 −	186	56
15 −	2378	721	65 −	97	29
20 −	1982	601	70 −	63	19
25 −	1637	497	75 −	25	8
30 −	1362	413	80 −	6	2
35 −	1152	350	85 −	1	0.3
40 −	920	279	90 −	0	0

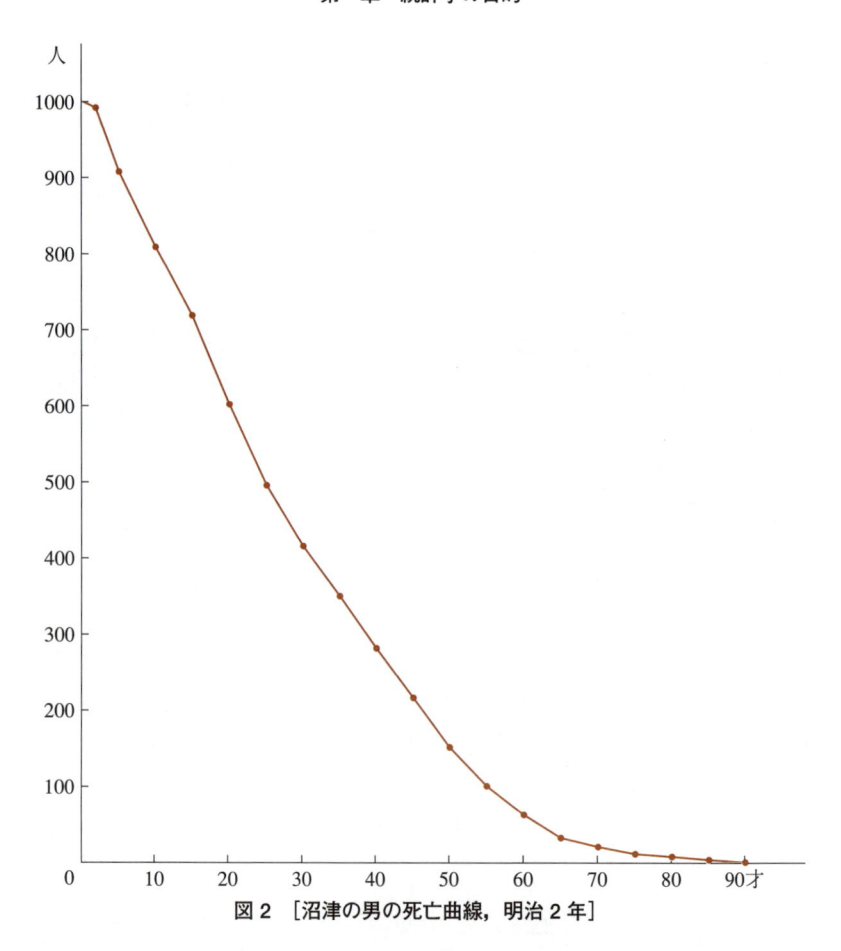

図2 ［沼津の男の死亡曲線，明治2年］

つまり，
<u>生のデータ</u>では見えにくい事が，<u>データの加工</u>により見えてくる．
不思議といえば，不思議なことである．

2. 五つのW

前節で言葉の意味をはっきりさせないで，**データ** (data) という術語を

2. 五つのW

使った．一般的に実験・観察・観測・調査により得られた結果の資料で，数で表現されたものを**データ**と定義する．問題はデータを

  だれが   （Wer）
  いつ   （Wann）
  どこで   （Wo）
  なにを   （Was）
  どのように （Wie）

収集するか，ということである．この5つのWの他にもう一つ，データは

  なんのために （Warum）

（表3）［1629年から1660年まで32年間のロンドンの男女出生数］

年	男	女	性比	年	男	女	性比
1629	5218人	4683人	1.11	1645	4047人	3919人	1.03
1630	4858	4457	1.10	1646	3768	3395	1.11
1631	4422	4102	1.08	1647	3796	3536	1.07
1632	4994	4590	1.09	1648	3363	3181	1.06
1633	5158	4839	1.07	1649	3079	2746	1.12
1634	5035	4820	1.04	1650	2890	2722	1.06
1635	5106	4928	1.04	1651	3231	2840	1.14
1636	4917	4605	1.07	1652	3220	2908	1.11
1637	4703	4457	1.06	1653	3196	2959	1.08
1638	5359	4952	1.08	1654	3441	3175	1.08
1639	5366	4784	1.12	1655	3655	3349	1.09
1640	5518	5332	1.03	1656	3668	3382	1.08
1641	5470	5200	1.05	1657	3396	3289	1.03
1642	5460	4910	1.11	1658	3157	2781	1.14
1643	4793	4617	1.04	1659	3209	2747	1.17
1644	4107	3997	1.03	1660	3724	3247	1.15

収集するかが明確でなければならない．

(例2) ロンドンのバーチン・レーン（Birchen Lane）で7つ星の毛織商店を経営する商人で，民兵隊の少佐でもあった**グラント**（John Graunt；1620-1674）は（表3）のような男女の出生数のデータを検討した．

　このデータは**グラント**が『**死亡表に関する自然的・政治的諸観察**』（1662年）で取り上げたものである．場所はロンドン，男女の年間出生数は教会に登録されている洗礼数から出したものである．西洋では，子供が誕生すると教会に連れていって洗礼を受けさせるので，洗礼数＝出生数と考えてよい．<u>グラントが教会に直接出向いてデータをとったということではない</u>．当時毎週売られている死亡表の中に洗礼数も書かれていたし，年末には1年間の総括死亡表も発行されていたから，それらを利用したのであろう．<u>なんのためにということについて</u>，グラントは上記の本の中で

　「女よりもずっと多くの男がいる．（この）期間中……における洗礼数について，ロンドンでは……男135324人，女125449人である．」大体，男/女を

（図3）グラント

性比と呼ぶと，それはこの期間 1.08 となる．「男が女より 1/13 超過することについて……女より多数の男が非業の死を遂げる．すなわち，多くの者が戦死し，溺死し，また刑死する．最後に，多くの男が特別研究員（fellow）とか徒弟で独身生活を余儀なくされる．それで 1/13 の超過があっても，この差異があるため，一夫多妻制を許容しないでも，婦人がそれぞれ一人の夫を持てる」と述べている．彼は

　　　一夫多妻を禁ずるキリスト教が……自然の法，
　　　すなわち神の法により良く適合する

ことを検証するためにデータを集めたのだった．
　データは**量的データ**と**質的データ**と 2 種類に分けられる．
量的データは**連続変量**（機器による測定値，身長・体重・血圧値など）と**離散変量**（粒子数，細胞数，サイコロの目，人口など）に種類分けされる．質的データは**名義尺度**（男女，yes-no，病気の有無，好き嫌いなど），**順位尺度**（良い・普通・悪い，5 段階成績評価，病気の進行度など），**間隔尺度**（駅の間隔，人と人の間隔など），**比尺度**（速度の比較，温度の比較など）がある．

　自然科学では量的データが，社会科学や福祉系では質的データが多く用いられる．医学系は両方のデータが使用される．また，質的データは，例えば男は 1，女は 0 というようにコード化したり，数量化して扱うことも多い．逆に量的データもカテゴリーに区切られ，尺度や程度として扱われることもある．

3. 大数法則

　一人の人間にとって生死は全く偶然の出来事といってよい．1 個の卵子に数億の精子の 1 つが結合することは偶然以外の何物でもない．「朝に紅顔ありて夕べには白骨となれる身なり」とお経にあるように，誰も自分の死ぬ時を確言できない．しかしたくさんの人を観察して見ると，（例 1）や（例 2）のように大量に観察して見ると，各個の場合には観察できない規則性が明ら

かにされる．これが**統計的規則性**とよばれるものである．

(**例**3) 貨幣を投げる実験をする．かなりの回数投げると，ほぼ半数は表が出ると想像される．投げる回数が多ければ多いほど，投げる回数に対する表の出る割合はますます1/2に接近する．このことを示すデータが下表で示されるデータで，**オスカー・ランゲ**（Oskar Lange；1905-1965）が1949年にワルシャワ計画・統計専門学校の生徒に実験させた結果である．

(表4) 貨幣を1000回投げたとき出る表の回数のデータ

50回を一組とする組織	組毎の表の回数	銭投げ回数の累計 n	表の回数の累計 m	m/n
1	23	50	23	0.460
2	23	100	46	0.460
3	23	150	69	0.460
4	21	200	90	0.450
5	32	250	122	0.488
6	21	300	143	0.476
7	28	350	171	0.488
8	29	400	200	0.500
9	28	450	228	0.503
10	28	500	256	0.512
11	26	550	282	0.514
12	22	600	304	0.506
13	25	650	329	0.506
14	26	700	355	0.507
15	22	750	377	0.502
16	21	800	398	0.497
17	27	850	425	0.500
18	25	900	450	0.500
19	27	950	477	0.502
20	24	1000	501	0.501

各組での表の出る回数には偶然に伴うバラツキがあるけれども，大量にデータを集めて見ると，バラツキは順次消されていって，表の出る割合は大体

1/2 という法則；**大数法則**が作用してくることが分かる．勿論，大数法則が作用するには，実験や観測が最初から最後まで等しい条件の下で独立に反復されることが前提となる．つまり**大量の同質性**と**独立性**が前提となって，統計的規則性が見いだされるのである．このことを初めて発見し，数学的に定式化したのはスイスのバーゼルの数学者**ヤコブ・ベルヌイ**（Jacob Bernoulli；1645-1705）である．彼の死後8年して出版された『**推測術**』の第四部の最後に大数法則が証明されている．

（図4）ヤコブ・ベルヌイ

4．母集団と標本

19世紀末まで統計学者たちは大量観察による統計的規則の発見に全力を尽くした観がある．データを処理する数学的方法も大いに開発された．20世紀に入って統計学は大きく変貌した．それはアイルランドからリュックサックを背負った青年がロンドン大学ユニヴァーシティ・カレジのカール・ピアソン教授の研究室の扉をノックした1905年7月中旬から始まった．その青年の名は**ゴセット**（William Sealy Gosset；1876-1937）という．謙虚な彼は学界では**スチューデント**という筆名で終生通した．彼はダブリンのギネス・ビール会社の技師だった．ギネスは1880年にはアイルランド産の大麦の半分を買い付ける程の，農業関連産業の独占企業で，その島の経済をほとんど支配する力をもっていた．経営陣は醸造の伝統技術を合理化し，醸造に必要な未加工の原料の品種改良などに，科学利用の可能性を探りつつあった．このためギネスは多数の学士を採用した．ゴセットもその一人だった．醸造では，材料の麦芽が環境により変化しやすく，温度変化に敏感で，必然

的に大量の観察に馴染まなかった．それは小規模実験から結論を引き出さねばならないものだった．そこで

少数の部分をもって全体を推し量る

ことが研究されるようになる．ここでは大雑把に

　　　推し量るべき全体の集団を**母集団**（population, universe）
　　　推し量る基礎になる部分の集団を**標本**（sample）

と決めておこう．

　　母集団から標本を抽出し，標本を調べて，母集団に関係する数（統計量）
　　を求める

ことが，統計学学習の目的になる．

　次に，いくつかの母集団と標本の例を示す．

調査名	母集団	標本
家計調査	全国の非農漁業所帯	約 8,000 所帯
農家経済調査	全国の農家	11,000 所帯
全国消費実態調査	全国の所帯	市部　　35,304 所帯
		郡部　　 7,260 所帯
		単身所帯 4,000 所帯
品質管理	同一製法の製品全部	いくつかの見本製品
品種検査	栽培される同品種の稲	農場実験の稲
世論調査	現在の有権者全員	有権者名簿から抽出した数千人
臨床実験	ある病気の患者全員	何人かの患者
学力調査	全国のある学年の生徒全員	指定校の当該学年の生徒全員
星のある性質	宇宙全体の星	ある区域の星

　母集団の要素の個数が有限か，無限大かによって，**有限母集団**と**無限母集団**に分類される．

　母集団を特徴づける数値を**母数**（parameter），標本を特徴づける数値を**統計量**（statistic）という．これらについては以下の章でだんだん理解されていく．ここで注意すべきは

統計学は Statistics だが，統計量は statistic で末尾に s がないことである．

　[注] (1)医学系や福祉系では相対的な比較をするために，母集団を 2 群に分けることがある．このとき，母集団が A, B に分割されれば，各々から標本を採って比較分析する．

　(2)標本を調べる（標本調査）場合，あらかじめ母集団についての情報を集めておくことは望ましい．どんな情報かというと，母集団内の分布状態などである．

5. データのとり方

　データは目的をもって収集し，解析した結果を示し，それを活用しなければならない．自然科学では

　　　理論→モデル→データの収集→解析・分析（推定・検定など）

が旧来の方法であるが，複雑系の曖昧な現象にはこの方法は使えない．社会科学や人文科学，福祉系ではデータの収集，ある母数の解析，分析方法を機械的に当てはめていることが問題である．さらにデータそのものが安易な勘や経験で作られていることもある．いずれにしても生身の人間の社会全体の現象を理解とようとすると，調査者と被調査者との信頼関係や人権上の配慮から，現実にはファジーな（ぼやけた）部分が入り込むことが多い．

　我々の得る知識は，どんな方法を駆使しても，すべてデータを通してのみ得られるものである．どのようなデータを，どんな方法でとり，どのように分析するかが，統計の基本的で科学的な立場である．

　ともすれば理論やモデルに適合するためのデータになっていないかどうかを吟味することは，分析の前提である．ここでは社会・人文科学系のデータをとるにあたり，誤差の入り込む主な問題は何かを考えてみる．

　① **アンケート票の作り方の問題**

　アンケート（enquête）は調査，調査方法，調査票の意味で使われる語であるが，ここでは調査自体の意味にとる．

質問文や選択肢は論理的に正しく分かりやすいこと．次のような文は避ける：

(例5.1)「あなたは音楽が好きですか」——音楽はクラシックか，ロックか……分からない（曖昧）．

(例5.2)「女性の喫煙，飲酒をどう思いますか」——煙草か酒か，それとも両方か分からない（ダブルバーレル，double barrelled question）．

(例5.3)「ボランティアがコーディネイトする……」——外国語が分かりにくい（フィルターすべき質問）．

(例5.4)「あなたは官僚が天下りで福祉施設の理事長になることについて，良い，悪い，分からない．」天下りがマイナス・イメージの語として働くので答が偏る（ステレオタイプ効果，stereotype question）．

(例5.5)癌の再発を懸念している人に，癌の質問をした直後に「あなたは日常生活に不安がありませんか」と質問すると，前問の影響を受けやすい（キャリーオーバー効果，carry over effect）．

(例5.6)ワーディング（Wording；言い回し）は回答に大きな影響を与える．

［型式1］

問　ある会社に次のような2人の課長がいます．もしあなたが使われるとしたら，どちらの課長に使われる方がよいと思いますか．どちらか一つあげてください．

　　甲：規則をまげてまで，無理な仕事をさせることはありませんが，仕事以外のことでは人の面倒をみません．　　　（12％）

　　乙：時には規則をまげて無理な仕事をさせることもありますが，仕事のこと以外のことでも人の面倒をよく見ます．　（81％）

(1966年，全国調査の東京区分，$n=180$)

問　ある会社に次のような2人の課長がいます．もしあなたが使われるとしたら，どちらの課長に使われる方がよいと思いますか．どちらか一つあげてください．

> 甲：仕事以外のことでは，人の面倒をみませんが，規則をまげてまで無理な仕事をさせることはありません． (48％)
>
> 乙：仕事以外のことでも，人の面倒をよくみますが，時には規則をまげてまで無理な仕事をさせることもあります． (47％)

(1967年，東京都23区よりサンプル，$n=440$)

(林・山岡『調査の実際』浅倉書店より)

同じ質問の前後を入れ替えるだけで調査結果が大きく異なる．つまり「甲だから乙」の後ろ側に強い印象をもつためである．

② **調査時点のずれ**

本来，調査は同時点でデータが整うべきである．しかし，サイコロを振る場合と違って，調査票の回収率をあげるために締切りを越えても回収され，さらに電話による督促で現実に半年にもわたることがあり，それが誤差を生んでいる．データは常に変化しており，医学系での比較データは特に注意を要する．

③ **調査者による誤り**

④ **回答者による誤り**

人間を対象とする調査（医学系や福祉系の調査）においては，調査方法によって生まれる誤差が大きく入り込んでくる（メーキング，揺らぎ，虚偽など）．

(1) 面接法（他計式）では，相方との人間関係，利害関係，知人か否かが左右する誤差

(2) 留置法（自計式）では，回収に手間がかかるが，誤差は少ない．

(3) 郵送法（自計式）では，回収されないことが多く，回収率低下による誤差が入る．

(4) 電話・インターネット（他計式）では，顔が見えないので不正確な答であったり，調査対象と一致しない誤差が入りやすい．

(5) 集合調査（自計式）では，ビール工場での味のアンケートのように，集合場所で回答が左右される．

どの方法も一長一短があるが，事例に併せて誤差を少なくするように努める．また異質の調査ではあるが，事例研究（ケーススタディ）がある．例えば，心理学における人間の行動研究，医学系における病気の治療経過の追跡，福祉系のニーズ・問題分析・自立方針など総合的に問題を捉え対応するためのケースファイルなどがそれにあたる．

⑤ **標本誤差**

(1) 統計分析していく対象として母集団を全部調べる「全数（悉皆，しっかい）調査」と，母集団の一部分をランダムに抽出する「標本調査」とがある．我々が日常接する調査は限られた範囲で行われるものであるが，その分析結果を全体に（全国的に）も適用できる結果でありたいと思っている．例えば，A 病院の糖尿病患者の予後調査，B 施設での食事のアンケートの結果は一般的な形で敷衍したい．それで標本調査が重要になってくる．標本調査の利点は

（ⅰ）調査時間，分析時間が短くてすむ．
（ⅱ）精度を高められる．［精度とは分散の逆数．分散は第 2 章参照］
（ⅲ）経費が少なくて済む．

これらは互いに相反することであるが，どれかに重点をおいて標本を抽出する．

(2) 主な抽出方法は以下の通りだが，各々長所と短所がある．
（ⅰ）**単純無作為抽出法**：サイコロ，乱数表，電話台帳や住民名簿などで

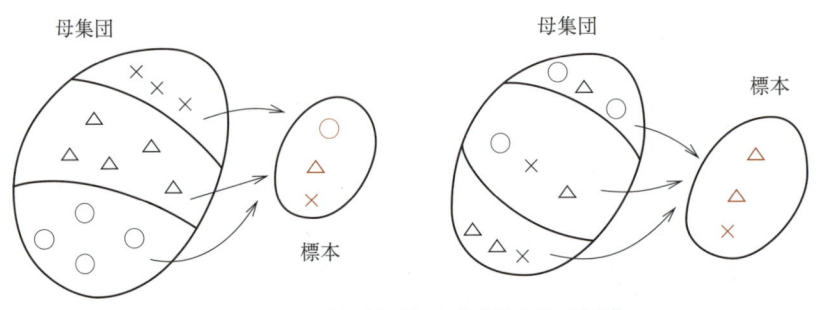

図 6　層別抽出法（左側）と集落抽出法（右側）

5. データのとり方

等間隔に抽出し，その操作を2，3回繰り返す．

（ii）**層別抽出法**：男女別，文系理系，症状別，施設利用者の所得別など区分ができれば，その構成数に応じて標本を抽出することで精度を高められる．

（iii）**集落抽出法**：地域別のような集落（クラスター）に分け各々の数に比例して抽出する．

実際には，これらを組み合わせて2段階，3段階……多段階と抽出して行われる．標本調査は精度が確率論で保証されているので，抽出誤差は抽出方法と標本の大きさによって決まってくる．

（**例5.6**）製品寿命の品質管理上，抜取検査をするときは，製品の一山（ロット）から一定個数の標本の製品を抽出し，その中の不良品が一定以下なら合格，そうでなければ不合格とする．（単純無作為抽出）

（**例5.7**）市町村で介護保険料を決定するのに前年度所得階層を用いる．いま実態調査をするために，所得階層別人数に比例して抽出すれば，調査の精度は高まる．（層別抽出法）

（**例5.8**）医療施設調査のように，まず郡，市を選び，その中から国勢調査区を選び，さらにその中から施設を選ぶ．（集落3段階抽出法）

⑥ **推定・検定方式の選定の誤り**

標本から計算された統計量をもとに母集団の母数を推定したり，検定したりする場合，統計量＝母数とはならない．必ず標本誤差が伴う．統計量の分布状態もさまざまに変化する．（例えば，後の章で説明する標本平均や比率は，標本が大きいとき，釣り鐘型の分布状態，つまり正規分布に近づく．）従って，各々の場合に応じて，母数を推定したり，検定したりする方式を選ぶことが必要になる．形式的に公式を適用すればよいというものでもない．

⑦ **回収率の低さによる偏り** 個別に聴き取ったり（他計式），アンケート票を相手に渡して後で回収する（自計式）ことは，人手と時間を要するが，一般的に回収率は良い．しかし，それ以外の方法では回収が進まず，非標本誤差を生んで大きな問題となる．（回答拒否と，不在・病気による無回答とは質が違うので，分ける必要がある．）回収率は70％以上が望ましい．

現実の調査では，回答率はバラバラで，80％以上の調査もあれば，僅か30％という場合もある．

⑧ コーデイングエラー

コーデイング（coding）は**符号化**ともいわれ，各調査項目に対して記入される回答をいくつかのカテゴリーに分類し，各カテゴリーに対応した一定の符号を与えるものである．例えば，ある政治家の好き嫌いを調査するのに，「好き，嫌い」の二つに1，0とコードを与えることは誤差を生む．「好き，どちらでもない，嫌い」のカテゴリーに分け，それぞれに＋1，0，－1とコードを与えることが必要である．

6．データの分析

① 比と比率

2量A，Bに対し

$\quad$ A：B を**比**（ratio），A/（A＋B）を**率**（rate）

という．率A/（A＋B）は事象Aが発生した（事象Bは発生せず）比の値といえる．率は**比率**と呼ばれることもある．

(**例 6.1**) 出生率（しゅっしょうりつ）や死亡率は時間を限定した発生比率である．

$\quad$ 生後1年未満の死亡数/出生数＝乳児死亡率，
$\quad$ 生後28日未満の死亡数/出生数＝新生児死亡率，

特に年令別，性別，時期別に分類された比率には「特殊」を頭に付ける．

$\quad$ 65才以上の死亡者数/65才以上の人口＝特殊死亡率

というように使う．

$\quad$ ある期間での発病者数/その期間での人口＝疾病率，

ある時点での発病者数/その時点での人口＝有病率

という．

(**例 6.2**) 左のような2×2分類表（四分割表）

	実験群	対象群
治療効果有	a	b
治療効果無	c	d

で，独立でない程度を見る値として c/a と d/b を**オッズ** (odds) といい，ad/bc を**オッズ比**という．元来は賭の用語である．

$ad=bc$ であれば，実験群と対照群は独立である．福祉系では治療効果を援助サービスと置き換えたらよい．

(**例 6.3**) 医学系では疾患の有無と検査反応の有無を 2×2 分類表にした次の比率がよく用いられる．特に集団検診のスクリーニングに用いられる．

	疾患有	疾患無	計
検査＋	a	b	$a+b$
検査－	c	d	$c+d$
計	$a+b$	$b+d$	$a+b+c+d$

$a/(a+c)$ は**感度** (sensitivity) といい，疾患があるとき，検査に出る能力；$d/(b+d)$ は**特異度** (specificity) といい，疾患がないとき，検査に出ない能力を示す．これらは検査の能力から見て好ましい比率である．

$a/(a+b)$ は**＋適中度**といい，検査が＋反応のとき，疾患が見出させる能力；$d/(c+d)$ は**－適中度**といい，検査が－反応のとき，疾患でないと分かる能力を示す．これらは医者から見て好ましい比率である．

(**例 6.4**) 生命表で寿命といっているのは，0才の**平均余命** (expectation of life) である．これはある年に生まれた新生児の総数の半数が死滅する年数と考えればよい．換言すると，ある年の新生児の総数の半分がまだ生存している年数である．また x 才の人がその時点で死亡する比率（死亡確率）のことを**死力** (force of mortality) という．これはその時点から単位時間経過する間に死ぬ割合を示すもので，死の作用の強さを表す．

② 変換

データを変換することにより，分析がしやすくなったり，モデルが見えてきたり，分布の法則が見つかったりする．代表的な変換の仕方は次の通りである．

(ⅰ) **線形変換** (linear transformation)

$x \to ax+b$ の形のものを線形変換という．b はデータの示す量をずらすこ

と，a はデータの示す量を伸縮することである．

(ii) **非線形変換**（non-linear transformation）

この種の変換はいろいろあるが，一例を挙げると対数変換

$$x \to \log x$$

がある．肝機能に現れる GOT や GPT の酵素量と年令に応じて共存できる時間とは，右裾の長い分布型になる．これを対数変換すれば，釣り鐘型の分布型になる．

(iii) 表は分割しないときと，分割したときと，異なった事実が判明することがある．

(例 6.5) 下の表は 5 年間隔での男女別，年令別の入院患者数であるが，男性の比率が全体で見るのと年令別に分けて見るのとでは，5 年間の増減が逆転している．

(表 5) 四分割表とシンプソンのパラドックスの例（1977, Early と Nicholas のデータ）

	全体			65 才以下			65 才以上		
	男	女	計	男	女	計	男	女	計
1970 年度	343	396	739	255	174	429	88	222	310
1975 年度	238	277	515	156	102	258	82	175	257

年令別男性の比率は

全体では，　　　　　　$p_{1970} = 0.464 > p_{1975} = 0.462$

65 才以下では，　　　$p_{1970} = 0.594 < p_{1975} = 0.605$

65 才以上では，　　　$p_{1970} = 0.284 < p_{1975} = 0.319$

というようになる．これはどちらが正しいかということではなく，性別が年令分布に偏りを生じているため，両方とも提示するのが望ましい．都合の良い方のみを強調すべきではない．

問 題 1

1. （例1）の沼津政表において，女の死亡生残表を作り，（図1）と同じようなグラフ（死亡曲線）を描け．

2. （例2）において，毎年の男女の出生数の累積和の表を作り，あわせてそれに基づく性比を計算すると，ある値に近づくことを示せ．この例では，大数法則の諸条件は満たしているか，論ぜよ．〔17世紀のイギリスの歴史を少し検討せよ．〕

3. 次の各々の標本に対する母集団はなにか．
   (1) ある工場で作られたいくつかのテレビジョン・ブラウン管の寿命．
   (2) ある大学における数人の教員の年収．
   (3) ある工場で作られた1000個のボルトの寸法．
   (4) 2個のサイコロを360回投げて出た目の和．
   (5) ある市の1年間にわたる毎月の降水量．
   (6) 1ヶ年間にわたる毎日の株の出来高．
   (7) 5000世帯の家族数．

4. 複数の地域において，世帯の種類別構成割合の違いを示すのに適しているのはどれか．
   1. 棒グラフ　2. 帯グラフ　3. 線グラフ　4. ヒストグラム
   〔答．2〕　　　　　　　　　　　　　　　（保健師，第86回）

5. 同じ弁当を食べた400人中，100人が食中毒を発症し，その中10人はそれが原因で死亡したとする．正しいのはどれか．
   1. 死亡率は10％である．　　2. 致命率は10％である．
   3. 有病率は10％である．　　4. 罹患率は10％である．
   〔答．2〕　　　　　　　　　　　　　　　（保健師，第87回）

6. 集団検診に用いるスクリーニング検査で，適用した集団の有病率に依存した値となるのはどれか．
   1. 敏感度　　　　　　　　　2. 特異度
   3. 陽性反応適中度　　　　　4. 精度

〔答．4〕　　　　　　　　　　　（保健師，第 86 回；類題は第 84 回）

7．平成 9 年の我が国の男の平均寿命は 77.19 年であった．この数字の解釈で正しいのはどれか．

(1) この年の死亡状況が継続すれば 0 才男子は平均 77.19 年生きることができる．

(2) この年に生まれた男子は 77.19 才まで生存する確率が 0.5（50 %）である．

(3) この年に死亡した男性の死亡時年令の平均が 77.19 才であった．

(4) この年の 40 才男性の平均余命は 37.19 である．

〔答．1，0 才のとき平均余命＝平均寿命〕　　　（保健師，第 87 回）

第二章　集団の特性値を示す数値

1. 位置の測度

(1) **算術平均**（average, または **平均** mean）

ある集団からデータをとり，それらが

$$x_1, x_2, x_3 \cdots, x_n$$

であったとする．これらの数値の和を

$$x_1 + x_2 + x_3 + \cdots + x_n = \sum_{i=1}^{n} x_i, \text{ または } \sum x_i$$

と書く．Σ はギリシャ字母でシグマと読む．x_1 から x_n まで番号 1 から n までのすべての x を加算せよという意味に用いられる記号である．

算術平均（arithmetic mean；略して mean；または average）$\bar{x}$ は

$$E(x) = \bar{x} = \frac{x_1 + x_2 + x_3 + \cdots + x_n}{n} = \frac{\sum x_i}{n} \tag{1}$$

によって定義される．定義から直ちに

$$x_1 + x_2 + \cdots + x_n = n\bar{x} \tag{2}$$

であることは分かる．各々のデータと算術平均との差

$$d_i = x_i - \bar{x}, \qquad i = 1, 2, \cdots, n$$

を**偏差**（deviation）という．偏差の総和

$$\begin{aligned}
\sum d_i &= d_1 + d_2 + \cdots + d_n \\
&= (x_1 - \bar{x}) + (x_2 - \bar{x}) + \cdots + (x_n - \bar{x}) \\
&= (x_1 + x_2 + \cdots + x_n) - n\bar{x} = n\bar{x} - n\bar{x} = 0
\end{aligned} \tag{3}$$

は 0 になる．

$$1 + \frac{d_i}{\bar{x}} = \frac{\bar{x} + x_i - \bar{x}}{\bar{x}} = \frac{x_i}{\bar{x}}$$

は，各々の x_i が平均を何％上回ったり，下回ったりしているかを示す目安

になる．

(例1) 19世紀の代表的な統計学者**ケトレー**（Adolphe Quetelet; 1796-1874）は，1824年ベルギー学士院新紀要に「ブリュッセルにおける出生および死亡の法則について」を発表した．1815年から26年までの12年間オランダ旧王国の都市と田舎の出生数を示している．月の日数が不平等なので，出生数は31日の月に相当するように修正されている．右側の2行は $x_i/\bar{x}, y_i/\bar{y}$ を示す．

(表1)

月 i	都市 x_i	田舎 y_i	都市	田舎
1月	68255	159787	1.067	1.102
2月	71820	170699	1.122	1.177
3月	69269	164851	1.083	1.137
4月	66225	147128	1.035	1.014
5月	62102	134446	0.971	0.927
6月	58730	125026	0.918	0.862
7月	57151	121512	0.893	0.838
8月	59620	131657	0.932	0.908
9月	62731	144389	0.980	0.995
10月	62500	146362	0.977	1.009
11月	64273	146285	1.005	1.009
12月	65120	148186	1.018	1.022
平均	63983	145026	1.000	1.000

(図1) ケトレー

ケトレーは「季節の影響は都市よりも田舎において顕著である．田舎では気温の不同を防ぐ手段が少ないから，このことは当然と思われる．2月に最大出生数をみるのは5月に妊娠する可能性が高いからである．蓋し，冬の厳しさを経た後，生命力がその活動を全く回復するのが5月だから」と述べている．

(2) 加重平均（重み付き平均，weighted mean）

ある人が3種類の投資をし，それぞれ4, 5, 6％の収益をもたらしたとしたら，平均収益は各収益率の算術平均 (4+5+6)/3＝5％としてよいか．

投資家はそれぞれに100万円，200万円，2000万円を投資したとすると，そ

れぞれの収益は

$100 \times 0.04 = 4$ 万円,
$200 \times 0.05 = 10$ 万円,
$2000 \times 0.06 = 120$ 万円,

であるから，平均収益は

$$\frac{4+10+120}{100+200+2000} = \frac{134}{2300} = 5.826\%$$

となる．ある一組の数 $x_1, x_2, \cdots, x_n$ の相対的重要さ（**重さ**）が $w_1, w_2, \cdots, w_n$ によって表現されるときの算術平均（**加重平均**） $\bar{x}_w$ は

$$\bar{x}_w = \frac{w_1 x_1 + w_2 x_2 + \cdots + w_n x_n}{w_1 + w_2 + \cdots + w_n} = \frac{\sum w_i x_i}{\sum w_i}$$

と計算される．

(**例2**) A，B 2つの機械でそれぞれ m，n 個の製品を作った．製品の平均重量はそれぞれ $\bar{x}$，$\bar{y}$ kg であった．A，B 2つの機械の製品を混合すると，製品の平均重量はいくらか．

(解) 機械Aの製品の重量を $x_1, x_2, \cdots, x_m$;

機械Bの製品の重量を $y_1, y_2, \cdots, y_n$;

Aの製品の総重量 $= x_1 + x_2 + \cdots + x_m = m\bar{x}$;

Bの製品の総重量 $= y_1 + y_2 + \cdots + y_n = n\bar{y}$;

混合した製品の総重量 $= m\bar{x} + n\bar{y}$；それで平均重量は

$$\frac{m\bar{x} + n\bar{y}}{m+n}$$

である．

(3) **幾何平均** (相乗平均, geometric mean)

ある国の暦年の人口を $P_0, P_1, P_2, \cdots, P_n$ とする．初めの1年の人口増加率を r_1, 次の1年の人口増加率を $r_2, \cdots$ とすると

$(P_1 - P_0)/P_0 = r_1$, $P_1 = P_0(1 + r_1)$;
$(P_2 - P_1)/P_1 = r_2$, $P_2 = P_1(1 + r_2)$;
　　　……

n 年後の人口 P_n は
$$P_n = P_{n-1}(1+r_n) ;$$
それで
$$P_n = P_0(1+r_1)(1+r_2)\cdots(1+r_n)$$
n 年間の平均増加率を r とすると，$r=r_1=r_2\cdots$ とおいて
$$P_n = P_0(1+r)^n$$
となる．それで
$$1+r = \sqrt[n]{\frac{P_n}{P_0}} = \sqrt[n]{\frac{P_1}{P_0}\frac{P_2}{P_1}\cdots\frac{P_n}{P_{n-1}}}$$
$$= \sqrt[n]{(1+r_1)(1+r_2)\cdots(1+r_n)} \tag{4}$$
となる．

(例3) 主要国の国内総生産（GDP）は経済企画庁の1998年2月「月刊海外経済データ」によると，以下の通りである．

	1994 年	1995 年	1996 年
日本	46985 億弗	51403 億弗	45950 億弗
米国	66498	70296	73881
中国	5082	6976	8154
EU 15 ヶ国	68517	84551	86009

である．この3年間の平均経済成長率を求めよ．

先の解説の P_0, P_1, P_2 を 94, 95, 96 年の GNP とすると

日本の場合　　$1+r = \sqrt{45950/46985} = 0.989 ;\quad r = -0.011.$
米国の場合　　$1+r = \sqrt{73881/66498} = 1.054 ;\quad r = 0.054.$
中国の場合　　$1+r = \sqrt{8154/5082} = 1.266 ;\quad r = 0.266.$
EU の場合　　$1+r = \sqrt{86009/68517} = 1.120 ;\quad r = 0.120.$

となる．

一般的に，データ $x_1, x_2, \cdots, x_n$ の **幾何平均**（geometric mean）$G(x)$ は
$$G(x) = \sqrt[n]{x_1 x_2 \cdots x_n} \tag{5}$$
で定義される．先の人口増加率や経済成長率では $x_i = 1 + r_i$ であった．(5)式の両辺の対数をとると

$$\log G(x) = (\log x_1 + \log x_2 + \cdots + \log x_n)/n$$
$$= \sum \log x_i / n$$

(4) 調和平均

(例4) 時速 80 km で高速道路を 10 km 走り，その後時速 30 km で一般道路を 10 km 走った．平均時速はいくらか．

　高速道路を走っていた時間 = 10 km ÷ 80 km/h = (1/8) h,

　一般道路を走っていた時間 = 10 km ÷ 30 km/h = (1/3) h,

20 km を $\{(1/8) + (1/3)\} h$ で走ったことになるから

$$\frac{20}{\{(1/8)+(1/3)\}} = \frac{24 \times 20}{11} = \frac{2}{\{(1/80)+(1/30)\}}$$

となる．この計算式から得た 43.64 km/h は $\{80+30\}/2 = 45$ km/h と合致しない．

　一般的に，データ $x_1, x_2, \cdots, x_n$ の**調和平均** (harmonic mean) $H(x)$ は

$$\frac{1}{H(x)} = \frac{1}{n}\left(\sum \frac{1}{x_i}\right) \tag{6}$$

によって定義される．調和平均は化学反応にも用いられる．

　算術平均，幾何平均，調和平均の起源は古く，音楽理論と結び付いて，紀元前 6 世紀のピタゴラス学派にまで遡る．

(5) 中位数

　データを大小の順に配列し直したものは，データの個数が偶数個なら

$$x_1 \leq x_2 \leq x_3 \leq \cdots \leq x_{2m} \tag{7}$$

データの個数が奇数個なら

$$x_1 \leq x_2 \leq x_3 \leq \cdots \leq x_{2m+1} \tag{8}$$

となる．(7)の場合，中程の数は x_m x_{m+1} ; (8)の場合，真ん中の数は x_{m+1} である．それで**中位数** (median) M_e は

　　データの個数が偶数なら　$M_e = (x_m + x_{m+1})/2$,

　　データの個数が奇数なら　$M_e = x_{m+1}$

で定義される．

(例5) ある小学校 6 年生の算数のテストの結果は次の通りであった．

64, 92, 81, 0, 3, 97, 67, 74, 21, 93, 90, 21, 75, 49, 9, 55

このデータから，

　　　算術平均 $= E(x) = \sum x_i/16 = 891/16 = 55.69$,
　　　中位数 $= M_e = (55+64)/2 = 59.5$.

このデータは乱数表から取った仮想のものである．1960年代，学習指導要領を巡って文部省と日本教職員組合とが激突した．文部省は指導要領に忠実な教育をしているかどうかを検証するため，学力テストを強制した．教育委員会の意を受けた愛媛のある学校では，あらかじめ成績の悪い子供はテスト当日学校を休ませた．平均点を上げるためである．ここでは0点の子が欠席すると，算術平均は $891/15=59.4$ となって約4点上がる．欠席を強要された子供は深い心の傷を受けたかも知れない．もし中位数で集団のおおよその学力を表現するのであれば，教育的には良かった．というのは，この例でも分かるように中位数は極端なデータ（**外れ値** outlier）の影響を受けにくい．しかし政治的対立の激しい場合には，冷静な科学的思考は吹っ飛んでしまう．

（6）最頻値

データ $x_1, x_2, \cdots, x_n$ の値が一番大きいものを**最頻値**（mode）M_0 という．

(**例6**) 暗号の解読は，字母がどのような頻度で使用されているかをヒントにして行なわれた．ニューヨーク・タイムズがかつて10万字の統計を取ったのは次頁の表である．（長田順行「暗号」1971年，ダイヤモンド社より引用．）このデータでは $M_0 = x_5$ である．

最頻値を使った最古の記録は，前428年プラタイアイ人たちが攻めた都市の城壁の高さの推定に，城壁の中の立ち木のいくつかの高さを測定し，その最頻値を取ったというトゥキディデス『ペロポネソス戦役史』（3巻，20節）の中の記述である．

算術平均，幾何平均，調和平均，中位数，最頻値は集団から得たデータの一種の代表的な値で，データのあるべき位置を代表しているので，**位置の測度**という．

文字	記号	度数	文字	記号	度数
A	x_1	8191	N	x_{14}	7061
B	x_2	1471	O	x_{15}	7259
C	x_3	3833	P	x_{16}	2886
D	x_4	3907	Q	x_{17}	89
E	x_5	12254	R	x_{18}	6854
F	x_6	2258	S	x_{19}	6356
G	x_7	1708	T	x_{20}	9412
H	x_8	4567	U	x_{21}	2578
I	x_9	7101	V	x_{22}	1093
J	x_{10}	138	W	x_{23}	1593
K	x_{11}	412	X	x_{24}	211
L	x_{12}	3774	Y	x_{25}	1582
M	x_{13}	3337	Z	x_{26}	75

計　100000

2. バラツキの測度

(1) 分布範囲

いま A, B 2 組のデータが

[A；6, 7, 7, 8, 7], [B；5, 7, 10, 5, 8]

と与えられている．算術平均も，中位数もすべて 7 で，その限りでは A 組も B 組も位置の測度は同じである．

データ $x_1, x_2, \cdots, x_n$ の最大値を $\max(x)$，最小値を $\min(x)$ とする．

$$R = \max(x) - \min(x) \tag{1}$$

をデータの**分布範囲**（range）という．

A 組のデータを $x_1, x_2, \cdots, x_5$；B 組のデータを $y_1, y_2, \cdots, y_5$ とおくと

A 組の分布範囲は $R(x) = 8 - 6 = 2$,

B 組の分布範囲は $R(y) = 10 - 5 = 5$,

となり，B 組の方が A 組よりデータがバラツイているといえる．分布範囲

はデータのバラツキを大雑把に知ることができる測度である．
（2） 分散と標準偏差
次にそれぞれの組のデータの偏差を取る．

A 組； $-1, 0, 0, 1, 0$

B 組； $-2, 0, 3, -2, 1$

となる．偏差の平方の平均を取ってみる．

A 組 $=\{(-1)^2+0^2+0^2+1^2+0^2\}/5=0.4$;

B 組 $=\{(-2)^2+0^2+3^2+(-2)^2+1^2\}/5=3.6$

となり，A 組の方が平均の周りにデータが集中している目安になる．

一般的に，データ $x_1, x_2, \cdots, x_n$ に対し

$$V(x) = \frac{1}{n}\{(x_1-\bar{x})^2+(x_2-\bar{x})^2+\cdots+(x_n-\bar{x})^2\}$$

$$= \frac{1}{n}\sum(x_i-\bar{x})^2 \qquad (2)$$

をデータの**分散** (variance)；その平方根

$$s(x) = \sqrt{V(x)} \qquad (3)$$

をデータの**標準偏差** (standard deviation；略して S.D.) という．

A 組の分散 $V(x)=0.4$, 標準偏差 $=s(x)=0.632$;

B 組の分散 $V(y)=3.6$, 標準偏差 $=s(y)=1.897$

である．

分散の計算には

$$V(x) = \frac{1}{n}\sum(x_i^2-2x_i\bar{x}+\bar{x}^2)$$

$$= \frac{1}{n}\{\sum x_i^2-2\bar{x}\sum x_i+n\bar{x}^2\}$$

$$= \frac{1}{n}\sum x_i^2-\bar{x}^2 = \mathsf{E}(x^2)-\mathsf{E}^2(x) \qquad (4)$$

となる簡便計算公式が利用できる．

（3） 平均偏差
データ $x_1, x_2, \cdots, x_n$ の偏差の絶対値の平均，

$$M(x) = \frac{1}{n}\{|x_1 - \bar{x}| + |x_2 - \bar{x}| + \cdots + |x_n - \bar{x}|\}$$
$$= \frac{1}{n}\sum |x_i - \bar{x}| \tag{5}$$

を**平均偏差**（mean deviation）という．

 A組の平均偏差＝(1+0+0+1+0)/5＝0.4,
 B組の平均偏差＝(2+0+3+2+1)/5＝1.6

(4) 変動係数

 先のA，B 2組のデータは平均が同じで，Bの方がバラツキが大きかった．もしも平均が違う場合，バラツキの大小を比較するには**変動係数**（coefficient of variation）をもってする．それは

 変動係数 C.V.＝ $s/\bar{x}$

によって定義されるものである．

(例7) 果物の缶詰のシロップ濃度は，缶が開けられた時，

 シロップ溶液中に占める砂糖の重さ/シロップ溶液の重さ

を百分率で表したものである．

 今，次のデータを得た．

 最高級品(x)　　33, 35, 32, 32, 35, 30, 33, 34
 特選品　 (y)　　26, 27, 25, 30, 30, 28, 28, 30
 $\bar{x} = 33$, $V(x) = 2.5$, $s(x) = 1.5811$；
 $\bar{y} = 28$, $V(y) = 3.25$, $s(y) = 1.8028$.
 最高級品の C.V.＝1.5811/33＝0.048；
 特選品の　C.V.＝1.8028/28＝0.064.

最高級品にバラツキが少ないのは当然である．値段が高いのに，甘味の不足した缶詰を買わされたら，たまったものではない．

(5) ジニ係数

 データ $x_1, x_2, \cdots, x_n$ のバラツキの測度の一つとして，データの対 x_i, x_j をとり，対ごとの隔たり $|x_i - x_j|$ の平均

 $\sum_i \sum_j |x_i - x_j|/n^2$

を平均差という．平均差を $2\bar{x}$ で割ったもの，つまり

$$GI = \sum_i \sum_j |x_i - x_j| / 2n^2 \bar{x} \tag{6}$$

を**ジニ係数**（Gini's coefficient）といい，不平等の度合いを示す指標である．ジニ（Corrado Gini；1884-1965）はイタリアを代表する統計学者である．

(**例** 8）下表は 1994 年の東アジア諸国の産業別国内総生産を示す．第一次産業，第二次産業，第三次産業はそれぞれ農林水産業，重化学工業，サービス産業；データは x_1, x_2, x_3 で示す．（国連「国民経済計算 94 年」1997 年より．）

国	x_1	x_2	x_3	計 $n\bar{x}$	単位
日 本	101490	1831780	2575260	4508530	億円
インドネシア	547190	1164800	1042390	2754380	億ルピア
韓 国	187850	1151910	1060640	2400400	億ウオン
タ イ	3690	14150	16890	34730	億バーツ
中 国	7460	22370	14760	46590	億元
フィリッピン	3730	5510	6350	15590	億ペソ

日本では　　$\sum\sum |x_i - x_j| = 2(1730290 + 743480 + 2473770) = 2 \times 4947540$
　　　　　　$n\bar{x} = 4508520$,
より　　　　$GI = 4947540 / (3 \times 4508530) = 0.3658$．

同じように計算して

　　インドネシアの $GI = 0.1495$,
　　韓国の GI 　　$= 0.2677$,
　　タイの GI 　　$= 0.2534$,
　　中国の GI 　　$= 0.2134$,
　　フィリッピンの $GI = 0.1120$

この場合，先進国ほどバラツキが大きく，GI も大きくなっていく．

（6）**百分位数**（パーセント値，percentile）

データをすべて大きさの順に並べ，下位より α%にあたる値を **α パーセント値**という．下位より 25 %，50 %，75 %の値を各々，第一四分位数（Q_1），第二四分位数（Q_2），第三四分位数（Q_3）といい，やはりバラツキの測度の一種である．Q_2 は中位数である．

また，$(Q_3-Q_1)/2$ を**四分位偏差** (quartile deviation) という．四分位数も四分位偏差も外れ値には影響されない．

分散，標準偏差，平均偏差，変動係数，ジニ係数，百分位数など，データのバラツキを測る測度を**散布度** (measure of dispersion) という．

3. 位置の測度とバラツキの測度の関係

(例 9) $(x_1-x)^2+(x_2-x)^2+\cdots+(x_n-x)^2$ を最小にする x は $x_1,x_2,\cdots,x_n$ の算術平均 $\bar{x}$ である．

$$(x_1-x)^2+(x_2-x)^2+\cdots+(x_n-x)^2$$
$$=nx^2-2x(x_1+x_2+\cdots+x_n)+x_1^2+x_2^2+\cdots+x_n^2$$
$$=n(x-\bar{x})^2+(x_1^2+x_2^2+\cdots+x_n^2)-n\bar{x}^2$$
$$\geqq (x_1^2+x_2^2+\cdots+x_n^2)-n\bar{x}^2=一定；$$

等号は $x=\bar{x}$ の時に成立する．それで題意に合う．

(例 10) $|x_1-x|+|x_2-x|+\cdots+|x_n-x|$ を最小にする x は，$x_1,x_2,\cdots,x_n$ の中位数 M_e である．

データは $x_1<x_2<\cdots<x_n$ と大小の順に並んでいるとする．これらのデータの真ん中の値は

$n=2m+1$ のときは　x_{m+1}，

$n=2m$　　のときは　x_m と x_{m+1}

である．

$$A=\begin{cases} x_{m+1} & (n=2m+1 \text{ のとき}) \\ (x_m+x_{m+1})/2 & (n=2m \text{ のとき}) \end{cases}$$

とおき，x の代わりに A を代入したものは

$$\varDelta\equiv(A-x_1)+(A-x_2)+\cdots+(A-x_m)+(x_{m+1}-A)+\cdots+(x_n-A),$$

一方，$B=x_m$ を基準とした偏差は

$$\varDelta'=(B-x_1)+(B-x_2)+\cdots+(B-x_m)+(x_{m+1}-B)\cdots+(x_n-B)$$

となる．そこで

$$\varDelta-\varDelta'=(A-B)m+(B-A)(n-m)$$

$$= (n-2m)(B-A)$$

$n=2m+1$ のとき，$B-A=x_m-x_{m+1}<0$，$n-2m=1$ より

$\quad \Delta < \Delta',$

$n=2m$　のとき，$n-2m=0$ より

$\quad \Delta = \Delta',$

$\quad \therefore \quad \Delta \leq \Delta' \hfill (*)$

B として，$x_1, x_2, \cdots, x_{m-1}$ をとっても，不等式(*)は成立する．それで，$x=A=M_e$ のとき，偏差の絶対値の和は最小になる．

　この事実を初めて幾何学的に説明したのは修道士**ボスコヴィチ**（R.Joseph Boscovic；1711-1787）で，1755年のことだった．

(**例11**) データ $x_1, x_2, \cdots, x_n$ において，$|x| \geq \varepsilon$ となるデータの割合を P としよう．

$$E(x^2) = \frac{1}{n}(x_1^2 + x_2^2 + \cdots + x_n^2)$$

$$= \frac{1}{n}\{\Sigma_1 x_i^2 + \Sigma_2 x_i^2\}$$

$$\geq \frac{1}{n}\Sigma_1 x_i^2 \geq \varepsilon^2 \Sigma_1 \frac{1}{n}$$

$$= \varepsilon^2 P$$

ここで Σ_1 は条件 $|x_i| \geq \varepsilon$ を満たす x_i^2 すべてについての加算；Σ_2 は条件 $|x_i| < \varepsilon$ を満たす x_i^2 すべてについての加算を表す．

　よって

$\quad P \leq E(x^2)/\varepsilon^2$

が成立する．これを**マルコフの定理**（Markov's theorem）という．

$\quad |x_i - \bar{x}| \geq \varepsilon$ となるデータの割合を P とすると

$\quad P \leq V(x)/\varepsilon^2,$

$\quad |x_i - \bar{x}| < \varepsilon$ となるデータの割合を Q とすると

$\quad P+Q=1$

だから，

$\quad Q = 1-P \geq 1-V(x)/\varepsilon^2$

である．これを**チェビシェフの不等式**（Tchebyschev's inequality）という．この不等式はロシアの数学者チェビシェフ（P.L. Tchebyschev; 1821−1894）が1867年「平均値について」と題する論文の中で発表した．モスクワ大学でマルコフ（A.A. Markov; 1856-1922）はチェビシェフの教えを受けた．

チェビシェフの不等式で $\varepsilon = ks(x)$ とおくと，$s^2 = V(x)$ だから
$$Q \geq 1 - 1/k^2$$
となる．

例えば，統計学の受講学生は280人である．試験の結果，100点満点で，平均点62点，標準偏差4点であった．54点から70点までの間の成績を取った者は，$62-54 = ks = k \times 4$ だから，$k=2$．従って $Q \geq 1 - 1/2^2 = 3/4$，全体の75％以上の割合を占める．

問 題 2

1. 次の式を加算記号 Σ を使って表せ．
   (1) $x_1^2 + x_2^2 + \cdots + x_{30}^2$,
   (2) $2x_1 + 2x_2 + \cdots + 2x_{20}$,
   (3) $x_3 y_3 + x_4 y_4 + \cdots + x_9 y_9$,
   (4) $(x_1 - y_1) + (x_2 - y_2) + \cdots + (x_n - y_n)$

2. データ $x_1, x_2, \cdots, x_n$ と定数 a, b がある．そのとき
   (1) $E(ax+b) = aE(x) + b$,
   (2) $V(ax+b) = a^2 V(x)$
   であることを証明せよ．

3. すべての i について，$x_i \leq y_i$ ならば
   $$\bar{x} \leq \bar{y}$$
   であることを証明せよ．

4. データ $x_1, x_2, \cdots, x_n$ の最大値を $\max(x)$ 最小値を $\min(x)$ とすると
   $$\min(x) \leq \bar{x} \leq \max(x)$$

であることを証明せよ．

5. 建築費や修繕費の高騰で住宅保険契約に齟齬が生じた．ある地域で住宅の標本が取られて調査された．標本の住宅のうち，A型住宅は平均して4万円の保険額不足，B型住宅は平均して5.2万円の保険額不足，C型住宅は平均して5.9万円の不足となった．B型住宅の戸数はA型住宅の2倍あり，C型住宅の戸数はB型住宅の2倍あったとしたら，これらの住宅全体での保険額不足の平均はいくらか．

6. 1991年から97年までの日米両国の消費者物価指数の対前年上昇率（%）は次の表のようになっている．

年	91	92	93	94	95	96	97
日本の上昇率(%)	3.3	1.7	1.3	0.7	−0.1	0.1	1.7
米国の上昇率(%)	4.2	3.0	3.0	2.6	2.8	2.9	2.3

この期間の両国の物価指数の平均上昇率を計算せよ．

7. あるレストランが3種類のバターを1kgあたり2000円で36万円分，1kgあたり2400円で36万円分，1kgあたり3000円で36万円分仕入れた．1kgあたりのバターの平均価格を求めよ．

8. 算術平均まわりの平均偏差の平方は分散より大きくないことを証明せよ．

[ヒント，シュワルツの不等式
$$(a_1b_1+a_2b_2+\cdots a_nb_n)^2$$
$$\leq (a_1^2+a_2^2+\cdots a_n^2)(b_1^2+b_2^2+\cdots +b_n^2)$$
を利用せよ．]

9. A, B 2つの機械から製造される同種の製品の抜取検査で，
　Aの製品標本の重量は　$x_1, x_2, \cdots, x_m$　kg, 平均 $\bar{x}$
　Bの製品標本の重量は　$y_1, y_2, \cdots, y_n$　kg, 平均 $\bar{y}$
　Aの分散 $V(x) \equiv v^2$, Bの分散 $V(y) \equiv w^2$
とすると，2つの標本を併せた全体標本の

$$\text{平均} = \frac{mx+ny}{m+n}, \quad \text{kg}$$

$$\text{分散} = \frac{1}{m+n}\left\{mv^2 + nw^2 - \frac{mn}{m+n}(\bar{x}-\bar{y})^2\right\} \quad \text{kg}^2$$

であることを示せ．

10. 図はある集団のある値の分布の形を示している．①から④までの値は平均値，中位数，最頻数値および75パーセンタイルの4つの値を示している．平均値を示すのはどの番号の値か．

(保健師，第84回)

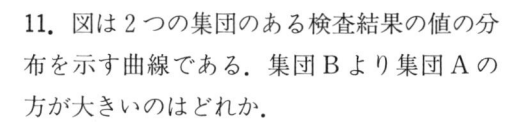

11. 図は2つの集団のある検査結果の値の分布を示す曲線である．集団Bより集団Aの方が大きいのはどれか．

a．標準偏差　　　1．a，b
b．中位数　　　　2．a，d
c．最頻値　　　　3．b，c
d．95パーセンタイル値　4．c，d

(保健師，第87回)

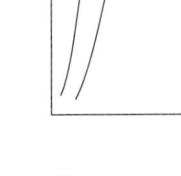

[答．1．
(1) $\sum_{i=1}^{30} x_i^2$, (2) $2\sum_{i=1}^{20} x_i$, (3) $\sum_{i=1}^{9} x_i y_i$, (4) $\sum_{i=1}^{n}(x_i - y_i)$

3. $x_i \geq y_i$ だから，$\sum x_i \geq \sum y_i$ 両辺を $n>0$ で割ればよい．

4. $n \cdot \min x_i \leq x_1 + x_2 + \cdots + x_n \leq n \cdot \max x_i$ の3つの辺を正の n で割ればよい．

5. 6万円

6. 日本1.237％，米国2.969％

7. 2400円

8. シュワルツの不等式で，$a_i = |x_i - \bar{x}|, b_i = 1$ とおけ．

10. 3．①は最頻値，②は面積の2等分点，④は第三四分位点（75％点）

11. 3. b, c   ]

第三章　確　率

1. 確率の定義（客観的確率）

　第一章の（例3）で見たように，貨幣を多数回投げるとき，表と裏の回数はほぼ等しいと予想される．同じ条件下で反復され，結果が偶然に左右される実験を**試行**（try）といい，個別の試行の結果を**根源事象**（elementary event）という．この場合，個別の試行の結果は表が出るか，裏が出るかであるから，それらは根源事象である．表の出る根源事象を ω，裏の出る根源事象を ω^c とすると，ある試行で表の出る確率は
$$Pr(\omega) = 1/2,$$
また，裏の出る確率は
$$Pr(\omega^c) = 1/2$$
と書ける．根源事象全体の集合を**全事象**（totally event）といい，Ω と書く．Ω の部分集合を**事象**（event）という．根源事象は事象であることは当然である．貨幣投げでは $\Omega = \{\omega, \omega^c\}$ である．

　Ω が有限個数の根源事象 $\{\omega_1, \omega_2, \cdots, \omega_n\}$ からなり，ある事象 A は k 個の根源事象を含むとする．そして各々の根源事象が起こるのは**同等に確からしい**（equally likely）とき，事象 A が起こる確率を
$$Pr(A) = k/n \tag{1}$$
で定義する．これを**ラプラスの定義**という．何も起こらないことも事象の仲間に入れて**空事象**（empty event）といい，$\emptyset$ で表す．明らかに
$$Pr(\emptyset) = 0 \tag{2}$$
先の貨幣投げでは
$$Pr(\omega) + Pr(\omega^c) = 1$$
である．貨幣を投げると，表裏どちらかが出ることは確実だから，このこと

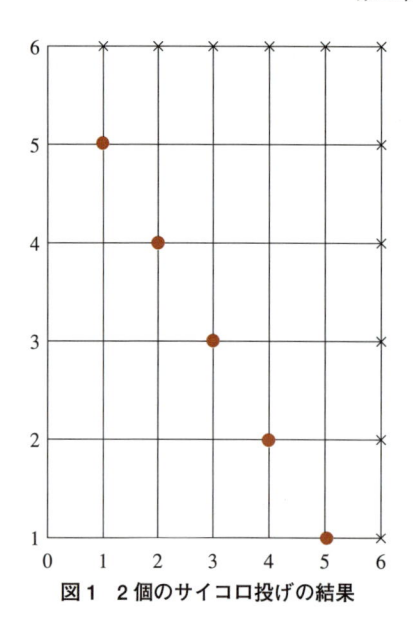

は
$$Pr(\Omega)=1 \qquad (3)$$
を意味する．

(**例 1**) サイコロはどの目も同等に確からしい出方をする．いま，2 個のサイコロを投げて，目の和が 6 になる確率，および少なくとも 1 個が 6 の目を出す確率を求めよ．

(**解**) 2 個のサイコロを投げたときの目を (x,y) とする．これが根源事象にあたる．(x,y) の組は全部で $6 \times 6 = 36$ 通りある．目の和が 6 になる事象 A は 5 つの根源事象は（黒丸印で示す）$(1,5)$, $(2,4)$, $(3,3)$, $(4,2)$, $(5,1)$ からなる．だから

図 1　2 個のサイコロ投げの結果

$$Pr(A)=5/36;$$

少なくとも 1 つ 6 の目の出る事象 B は 11 個の根源事象は（×印で示す）$(6,1)$, $(6,2)$, $(6,3)$, $(6,4)$, $(6,5)$, $(6,6)$, $(1,6)$, $(2,6)$, $(3,6)$, $(4,6)$, $(5,6)$
からなる．それで
$$Pr(B)=11/35.$$

2. 加法定理

　全事象と事象との関係は集合と部分集合の関係として，**ヴェンの図**で表すことができる（図 2）．事象 A, B が共通部分 $A \cap B$ をもたない
$$A \cap B = \emptyset$$
のとき，互いに**排反**であるという．

　A, B が排反のとき，A, B のいずれかが起こる確率は

2. 加法定理

$$Pr(A \cup B) = Pr(A) + Pr(B) \tag{4}$$

が成り立つ（図3）．

事象 A に対して，その補集合 A^c で表される事象を A の**余事象**（complementary event）という．

$$A \cap A^c = \emptyset, \quad A \cup A^c = \Omega$$

だから

$$Pr(A^c) = 1 - Pr(A) \tag{5}$$

が成り立つ（図4）．

必ずしも排反でない2つの事象 A, B に対して，（図5）を参照すると

$$Pr(A \cup B) = Pr(A) + Pr(B) - Pr(A \cap B) \tag{6}$$

が成り立つ．(4)式または(6)式を**加法定理**という．

これらの諸定理は，各々の事象における根源事象の個数を勘定すれば，正しいことが分かる．

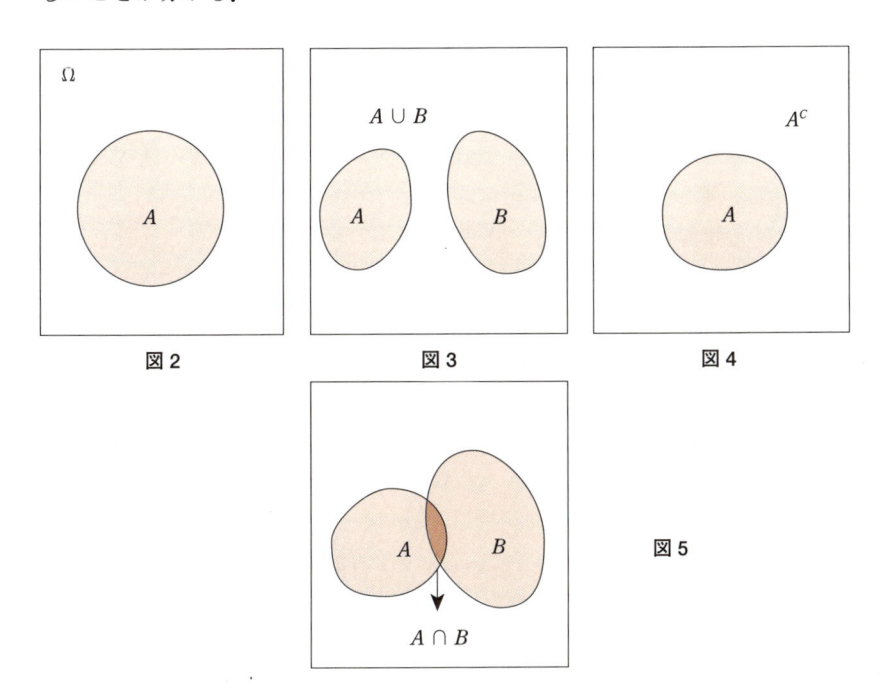

図2

図3

図4

図5

(例2) 52枚のカードから1枚を抽出し，それがスペードか絵札である確率を求めよ．
(解)　$A=$スペード1枚を引く事象，$Pr(A)=13/52$；
　　　$B=$絵札を1枚引く事象，$Pr(B)=12/52$
であるから，求める確率は
$$Pr(A\cup B)=13/52+12/53-3/52=22/52$$
である．

3. 主観的確率

　今まで説明した確率は，確率の値が長期にわたる反復試行で，安定した生起の比率をもって与えられることが分かっているものを，
　　特定事象内の根源事象の数/全事象を構成する根源事象の数
という形で推定するもので，**客観的確率**と呼ばれる．それに対し，確率は**主観的なもの**と解釈する人もいる．例えば，あるベンチャー・ビジネスが成功するか否かが問題になっているとしよう．人々は自分の経験に基づいて，このベンチャーが成功する**見込み**（odds）をつけ，A君は成功の見込み3：2と判断する．このことは，そのベンチャーにA君は3万円，別の人が2万円を賭ける賭博と同じである．A君はこのベンチャー・ビジネスが成功するかどうかの不確実性に対し，「自分の信頼の強さ」を賭け率で表現したのである．

　ある事象が起こる［この場合，ベンチャーが成功する］ことに，b円に対しa円を賭けるのは，公平なことだとA君が考えるならば，彼は事実上，この事象に確率$a/(a+b)$を宛てがったことになる．すると
$$0\leq a\leq a+b$$
だから，確率は0と1の間の実数であることは明らかである．

　株価が上下する確率も，また株を売買する人の主観によって決まる．例えば，ある株が上がる確率が0.62，横ばいである確率が0.13であれば，株価

が上がるか，横ばいである確率は $0.62+0.13=0.75$ である．

(例3) 経済状況が改善されるか，それとも変わらないかを尋ねられたエコノミストが，次のように答えたとする：経済状況が改善される見込みは $2:1$ であり，不変ではない見込みは $3:1$ である．さらに経済状況が改善または不変のいずれかである見込みは $5:1$ である．彼の説明は理に適っているか？

(解) 改善される確率 $=2/3$；不変でない確率 $=3/4$，不変である確率 $=1/4$；改善もしくは不変である確率 $=2/3+1/4=11/12\neq 5/6$ である．それでエコノミストの説明は数学的に矛盾している．

4. 乗法定理

　事象 A が起こった後，事象 B が起こる確率を $Pr(B|A)$ と書き，A を**条件**とした**条件付確率** (conditional probability) という．$Pr(A)\neq 0$ と仮定する．(図5) において，Ω の中の根源事象の個数を n, A の中の根源事象の個数を k, $A\cap B$ の中の根源事象の個数を c とすると

$$Pr(A\cap B)=c/n,$$

一方

$$Pr(A)Pr(B|A)=(k/n)(c/k)=c/n;$$

それで

$$Pr(A\cap B)=Pr(A)Pr(B|A) \tag{7}$$

が成り立つ．これを**乗法定理**という．

(例4) 同型・同質・同大の白玉5個と黒玉2個が入った壺がある．壺の中の玉をよくかきまぜ1個の玉を抽出する．これを元に戻さず，再び1個の玉を抽出する．1回目が白，2回目が黒である確率を求めよ．また，1回目の玉が何であれ，2回目の玉が黒である確率を求めよ．

(解) $A=2$ 個の玉のうち1回目の玉が白である事象；$B=2$ 個の玉のうち2回目が黒である事象とすると，$A\cap B=1$ 回目が白で2回目が黒である事象になる．白玉を $w_1,w_2,\cdots,w_5$；黒玉を b_1,b_2; (x,y) を出た玉の色を x, y の順番に示すものとする．玉の出方は

(w_1,w_2)	(w_2,w_1)	(w_3,w_1)	(w_4,w_1)	(w_5,w_1)	(b_1,w_1)	(b_2,w_1)
(w_1,w_3)	(w_2,w_3)	(w_3,w_2)	(w_4,w_2)	(w_5,w_2)	(b_1,w_2)	(b_2,w_2)
(w_1,w_4)	(w_2,w_4)	(w_3,w_4)	(w_4,w_3)	(w_5,w_3)	(b_1,w_3)	(b_2,w_3)
(w_1,w_5)	(w_2,w_5)	(w_3,w_5)	(w_4,w_5)	(w_5,w_4)	(b_1,w_4)	(b_2,w_4)
(w_1,b_1)	(w_2,b_1)	(w_3,b_1)	(w_4,b_1)	(w_5,b_1)	(b_1,w_5)	(b_2,w_5)
(w_1,b_2)	(w_2,b_2)	(w_3,b_2)	(w_4,b_2)	(w_5,b_2)	(b_1,b_2)	(b_2,b_1)

のように $7\times 6=42$ 通りある．A を構成する根源事象は縦線より左側の $5\times 6=30$ 個，$A\cap B$ を構成する根源事象は枠内の $5\times 2=10$ 個ある．それで
$$Pr(A)Pr(B|A)=(30/42)\times(10/30)=10/42$$
$$=(5/7)\times(2/6)=Pr(A\cap B)$$
2行目の 5/7 は白玉 5 個と黒玉 2 個の入った壺から 1 個の白玉が出る確率，2/6 は残る白玉 4 個と黒玉 2 個の入った壺から 1 個の黒玉が出る確率であるから，上記のように根源事象まで戻って考えなくても
$$Pr(A)=5/7,\ Pr(B|A)=2/6$$
とおいて良い．

問題の後半は
$$Pr(A\cap B)=pr(A)Pr(B|A)=5/7\times 2/6=10/42,$$
$$Pr(A^c\cap B)=Pr(A^c)Pr(B|A^c)=2/7\times 1/6=2/42,$$
を加えて，$12/42=2/7$ となる．

この例から分かるように，白玉が空籤，黒玉が当たり籤とすると，最初に籤引きした人が当たる確率は 2/7，2 番目に籤引きした人が当たる確率も 2/7，それで

籤引きでは，引く順番に関係なく，当たる確率は同じである．

先の乗法定理で，もしも $Pr(B|A)=Pr(B)$ であるならば，
$$Pr(A\cap B)=Pr(A)Pr(B) \tag{8}$$
となり，事象 A, B は互いに**独立**であるという．事象 A, B が独立でない

4. 乗法定理

とき，それらは**従属**であるという．

 直観的にいえば，A, B が独立であるとは，これらが互いに無関係なことである．

(**例**5) サイコロを2回投げるとき，最初1の目が出て，次に偶数の目が出る確率を求めよ．

(解) $A = 1$ 回目の投げで1の目の出る事象，$B = 2$ 回目の投げで偶数の目の出る事象とおくと

$$Pr(A) = 1/6, \ Pr(B) = 3/6$$

だから

$$Pr(A \cap B) = Pr(A) Pr(B) = (1/6) \times (3/6) = 1/12.$$

 3つの事象 A, B, C があって，これらの事象の2つずつが独立で，かつ

$$Pr(A \cap B \cap C) = Pr(A) Pr(B) Pr(C)$$

が成立すれば，A, B, C は独立であるという．

(**例**6) A, B, C が独立であるとき

$$Pr(A \cup B) = 1 - \{1 - Pr(A)\}\{1 - Pr(B)\},$$
$$Pr(A \cup B \cup C) = 1 - \{1 - Pr(A)\}\{1 - Pr(B)\}\{1 - Pr(C)\},$$

が成り立つことを示せ．

(解)(6)式から

$$\begin{aligned}
Pr(A \cup B) &= Pr(A) + Pr(B) - Pr(A \cup B) \\
&= Pr(A) + Pr(B) - Pr(A) Pr(B) \qquad [A, B \text{が独立}] \\
&= 1 - \{1 - Pr(A) - Pr(B) + Pr(A) Pr(B)\} \\
&= 1 - \{1 - Pr(A)\}\{1 - Pr(B)\}
\end{aligned}$$

となる．さらに事象の演算公式 [ヴェン図を描けばすぐ分かる]

$$(A \cup B) \cap C = (A \cap C) \cup (B \cap C),$$
$$(A \cap C) \cap (B \cap C) = A \cap B \cap C$$

を使用すると

$$Pr(A \cup B \cup C) = Pr(A \cup B) + Pr(C) - Pr\{(A \cup B) \cap C\}$$

$$= Pr(A) + Pr(B) + Pr(C) - Pr(A \cap B) - Pr\{(A \cap C) \cup (B \cap C)\}$$
$$= Pr(A) + Pr(B) + Pr(C)$$
$$\quad - Pr(A \cap B) - Pr(B \cap C) - Pr(C \cap A) + Pr(A \cap B \cap C)$$

となり，独立事象の場合の乗法定理を使うと，求める公式が出てくる．

(**例7**) 1軒の家が1年間に失火する確率を p, 隣家が出火したとき類焼する確率を q とする．1列に並んだ3軒の家がある．中央の家が1年間に火事になる確率 a, 端の家が1年間に火事になる確率 b を求め，a, b の大小を比較せよ．ただし，家を隔てて，飛び火はしないものとする．

(**解**) p, q は0でないことは，消防署が存在していることからも分かる．

$\quad A =$ 中央の家が出火する事象,
$\quad B =$ 左端の家が出火して中央の家に類焼する事象,
$\quad C =$ 右端の家が出火して中央の家に類焼する事象,

とする．この場合，直観的に A, B, C は独立と考える．2軒の人が示し合わせて家に火をつけるなどということは考えられないから．すると

$$a = Pr(A \cup B \cup C) = 1 - \{1 - Pr(A)\}\{1 - Pr(B)\}\{1 - Pr(C)\}$$
$$\quad = 1 - (1-p)(1-pq)^2,$$

$\quad D =$ 端の1軒から出火する事象,
$\quad E =$ 中央の家から出火して端の家に類焼する事象,
$\quad F =$ 端の家から出火して他の端の家まで類焼する事象,

とおく．この場合も D, E, F は直観的に独立と考えられる．すると

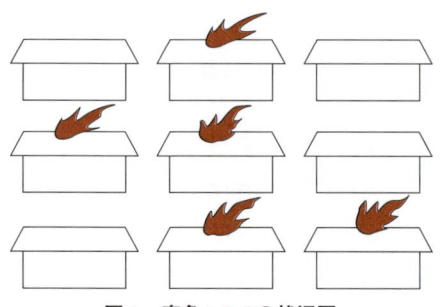

図1 事象A,B,Cの状況図

図2　事象D,E,Fの状況図

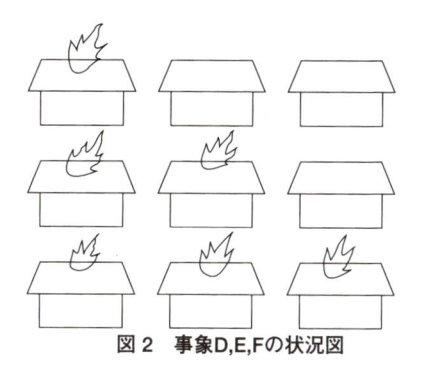

$$b = Pr(D \cup E \cup F) = 1 - \{1 - Pr(D)\}\{1 - Pr(E)\}\{1 - Pr(F)\}$$
$$= 1 - (1-p)(1-pq)(1-pq^2)$$

である．それで

$$a - b = pq(1-p)(1-q)(1-pq);$$

ところが，$0 < p, q < 1$ であるから，$a - b > 0;$

∴　　$a > b$

火災保険の掛け金は，3軒長屋の場合，中央の家が高いのは常識的に判断しても当然だろう．

5. 計　　数

確率の計算には，(例4)のように場合の数を求めることが必要になってくる．5個の文字 a, b, c, d, e を一列に並べることを考える．1個だけ並べる場合は

　　　$a\quad b\quad c\quad d\quad e$

の5通りである．

2個取って並べる場合は右図の 5×4 通りである．3個取って並べる場合は，上の20通りの各々に残る3個の文字のどれか1つを添えれば得

ab	ba	ca	da	ea
ac	bc	cb	db	eb
ad	bd	cd	dc	ec
ae	be	ce	de	ed

られるから，$5\times 4\times 3=60$ 通りである．このように，いくつかのものを1列に順序づけて並べたものを**順列**（permutation）という．

上の具体例を一般化して，n 個の異なる物のうちから r 個 $(0<r\leqq n)$ を取り出して並べた順列の個数を $_nP_r$ で表すと

$$_nP_r=(n-1)(n-2)\cdots(n-r+1) \qquad (9)$$

となることが分かる．特に，$r=n$ とおくと

$$_nP_n=n(n-1)(n-2)\cdots 2\cdot 1 \qquad (10)$$

となる．(10)式の値を $n!$ と書き，n の**階乗**（factorial）という．

次に，5個の物から2個の物を選び出す場合の数を求めよう．前頁の順列の配列のうち，斜めの線以下の部分にある10個の配列が選び出し方の数である．例えば，ab, ba は並べ方は違うが，選び出し方は同じである．つまり

一つの選び出し方に対し，$2!$ 通りの並べ方がある．

それで選び出し方の数は $5\times 4/2!=10$ である．

このことを一般化して，n 個の異なる物から r 個の物を選び出す場合，1つの選び出し方に対し，r 個の物の並べ方は $r!$ 通りあるから，選出法の数 x は

$$x\times r! = {}_nP_r,$$

$$x=\frac{{}_nP_r}{r!}=\frac{n(n-1)(n-2)\cdots(n-r+1)}{r!}$$

である．この x を n 個の物から r 個を取る**組合せ**（combination）の数といい，$_nC_r$ と書く．上の式の分子と分母に $(n-r)!$ を掛けると

$$_nC_r=\frac{n!}{r!(n-r)!} \qquad (11)$$

が得られる．特に $r=n$ とおくと，(11)式の左辺は $_nC_n=1$ である．右辺の分母は $n!0!$ となるので

$$0!=1 \qquad (12)$$

と定める．そうすると

$$_nC_0=n!/0!n!=1 \qquad (13)$$

と規約することができる．それで(11)式は $0 \leq r \leq n$ に対して成り立つ．

(例8) 4月生まれの人が5人いる．少なくとも2人の誕生日が一致する確率はいくらか．毎日の出生率は4月中を通して同じとする．

(解)「少なくとも」という言葉を否定すると「全然…ない」となる．2人の誕生日が一致しない確率をまず求める．1人目はどの日の誕生日でもよいから30通り，2人目は残る29日のどの日を誕生日になってもよい．3人目は残る28日のどの日を誕生日になってもよい．以下同様．それで5人の誕生日が全部違う日である場合は $30 \times 29 \times 28 \times 27 \times 26$；すべての場合の数は 30^5 通りであるから，誰の誕生日も一致しない確率 p は

$$30 \times 29 \times 28 \times 27 \times 26/30^5 \fallingdotseq 0.70373,$$

少なくとも2人の誕生日が一致する確率 q は

$$q = 1 - p = 0.29627.$$

(例9) 壺の中に同型・同質・同大の a 個の白玉と b 個の黒玉が入っている．壺から一度に $m+n$ 個の玉を無作為に抽出する．その中で m 個が白玉，n 個が黒玉である確率を求めよ．

(解) $a+b$ 個の玉から $m+n$ の玉を抽出する仕方は ${}_{a+b}C_{m+n}$ 通りある．この個数はすべての可能な場合の数で，同等に確からしい．次に a 個の白玉から m 個の白玉を抽出する仕方は ${}_aC_m$ 通り，b 個の黒玉から n 個の黒玉を抽出する仕方は ${}_bC_n$ 通り．そこで m 個の白玉すべての可能な場合と，n 個の黒玉すべての可能な場合を結合すると，そのような結合の数は ${}_aC_m \times {}_bC_n$ である．それで求める確率は

$$\frac{{}_aC_m \times {}_bC_n}{{}_{a+b}C_{m+n}}$$

となる．

問題 3

1. 貨幣を3回投げるとき，例えば最初の2回表が出て3回目は裏が出たことを (HHT) と書く．この実験で可能な結果を列挙せよ．

次に最初の2回表が出る事象を A, 3回中少なくとも1回裏が出る事象を B とすると, 事象
(1) A (2) B (3) $A \cap B$ (4) $A \cup B^c$
(5) $A^c \cap B^c$ (6) $A \cap (A \cup B)$

に属す結果を列挙せよ.

2. 遠洋航海の旅に出ようとしている人が「自分は船酔いしない」と言い張った. そのことに彼は22.5ドル賭け, 我々は2.5ドル賭けた. 彼が船酔いしない主観的確率はいくらか.

3. ある会社の人事部が職員募集をしたところ, 200人の応募があった. 詳しく一人一人を調べられないので, どの人も採用されることは同等に確からしい. $A=$応募した人が人事業務を経験していたという事象, $B=$人事管理の訓練を受けたという事象とする. データは表のようになっている. $Pr(A)$, $Pr(B)$, $Pr(B|A)$, $Pr(A|B)$ を求めよ.

	B	B^c
A	16	32
A^c	24	128

4. 2つの事象 A, B に対して, $Pr(A)=0.24$, $Pr(B)=0.52$, $Pr(A \cap B)=0.12$ とする. そのとき, $Pr(A^c)$, $Pr(B^c)$, $Pr(A \cup B)$, $Pr(A^c \cap B)$, $Pr(A \cap B^c)$, $Pr(A^c \cap B^c)$ の値を求めよ.

5. 公式 ${}_nC_r = {}_nC_{n-r}$ を証明せよ.

6. n 個の物から r 個を選び出す方法の数 ${}_nC_r$ は, **パスカル三角形**と呼ばれる図のような数字の配列によって決まる.

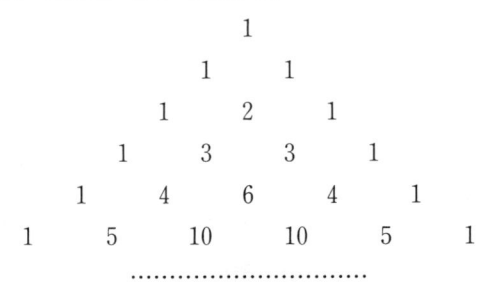

```
                    1
                  1   1
                1   2   1
              1   3   3   1
            1   4   6   4   1
          1   5   10  10  5   1
         ..........................
```

この配列を見れば, 各横行は1で始まり, 1で終わっている. 他の数字は1つ上の行の隣接する2つの数字の和になっていること, つまり

問 題 3

$$_nC_r = {_{n-1}C_{r-1}} + {_{n-1}C_r}$$

であることを示せ．

7. 1つのサイコロを1回投げ，出た目の数と同じ枚数の硬貨を投げたとき，5枚以上に表が出る確率として正しいものは，次のうちのどれか．

① 1/384　② 1/192　③ 1/96　④ 1/48　⑤ 3/128　（地方上級，1997年）

8. 1から100までの数が書かれた100枚の宝くじがあり，1等，2等，3等がそれぞれ1枚ずつ含まれている．1等のクジに書かれた数の1つ前の数が書かれたくじを2等，1つ後の数が書かれたクジを3等とするとき，任意の10枚のクジを引いたとき当たりクジの出る確率はいくらか．ただし100の書かれたクジが1等のときは，1の書かれたクジを3等，1の書かれたクジが1等のときは100の書かれたクジを2等とする．

① 11/47　② 37/150　③ 67/245　④ 78/287　⑤ 91/344

（地方上級，2000年）

9. 袋の中に白玉4個と赤玉2個が入っている．まず，この袋から無作為に玉を1個取り出し，赤玉を1個袋に入れる．そして，もう一度この袋から無作為に玉を取り出したとき，それが赤玉である確率はいくらか．

① 1/27　② 5/12　③ 4/9　④ 5/9　⑤ 1/4

（地方上級，1992年）

[答. 1. $A = \{(HHH), (HHT)\}$, $B = \{(HHH)\}^c$, $A \cap B = \{(HHT)\}$, $A \cup B^c = \{(HHH)\}$, $A^c \cap B^c = (A \cup B)^c = \emptyset$, $A \cap (A \cup B) = A$

2. 少なくとも $22.5/25 = 9/10$

3. $Pr(A) = 48/200$, $Pr(B) = 40/200$, $Pr(A|B) = 16/40$

4. $Pr(A^c) = 0.76$, $Pr(B^c) = 0.4$, $Pr(A \cup B) = 0.64$, $Pr(A^c \cap B) = 0.4$, $Pr(A \cap B^c) = 0.12$, $Pr(A^c \cap B^c) = 0.36$

5. n 個の物から r 個選出することは，n 個の物から $n-r$ 個を残すことと同じである．

6. ⑤, $(1/6) \times \{(1/2)^5 + 6 \times (1/2)^6 + (1/2)^6\}$

7. ③, $1 - {_{97}C_{10}}/{_{100}C_{10}}$

8. ③, $(2/6) \times (2/6) + (4/6) \times (3/6) = 16/36 = 4/9$

第四章　確率モデル

1. 度数分布

大きな標本をとって調べてみると，データ $x_1, x_2, \cdots, n_n$ がそれぞれ何回か得られることがある．例えば x_1 が f_1 回，x_2 が f_2 回，…というように出てくることがある．このとき f_i をデータ x_i の**度数**（frequency）という．このとき，データを下の表のようにまとめる．

データ	度数	相対度数
x_1	f_1	$f_1/m = p_1$
x_2	f_2	$f_2/m = p_2$
………		
x_n	f_n	$f_n/m = p_n$
計	m	1

ただし $m = f_1 + f_2 + \cdots + f_n = \Sigma f_i$

これを**度数分布表**という．度数分布表から算術平均や分散を求めることは容易である．相対度数 $p_1, p_2, \cdots, p_n$ をそれぞれデータ $x_1, x_2, \cdots, n_n$ の**重さ**と解釈すればよい．$\Sigma p_i = p_1 + p_2 + \cdots + p_n = 1$ だから

$$\bar{x} = p_1 x_1 + p_2 x_2 + \cdots + p_n x_n = \Sigma p_i x_i \tag{1}$$

$$\begin{aligned} s^2 &= p_1(x_1 - \bar{x})^2 + p_2(x_2 - \bar{x})^2 + \cdots + p_n(x_n - \bar{x})^2 \\ &= \Sigma p_i(x_i^2 - 2x_i \bar{x} + \bar{x}^2) \\ &= \Sigma p_i x_i^2 - \bar{x}^2 \end{aligned} \tag{2}$$

と計算される．

（例1）1939年 M.G. ケンドール卿と B.B. スミスがロンドンの電話帳にある電話番号の末尾2桁にある数字の度数分布表を作った．それは（表1）の通りである．
この度数分布を棒グラフで表すと，（図1）のようになる．

第四章　確率モデル

（表1）　電話番号末尾2桁の分析

数字	度数	相対度数
0	1026	0.1026
1	1107	0.1107
2	997	0.0997
3	966	0.0966
4	1075	0.1075

数字	度数	相対度数
5	933	0.0933
6	1107	0.1107
7	972	0.0972
8	964	0.0964
9	853	0.0853
計	10000	1.0000

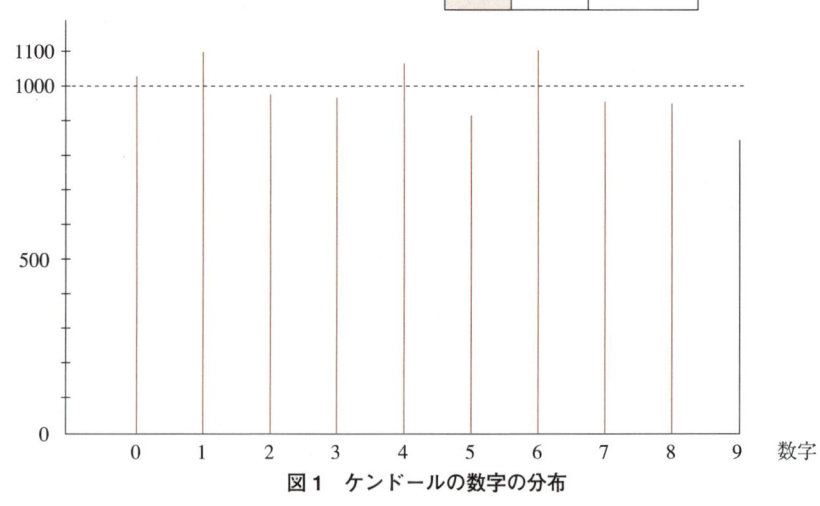

図1　ケンドールの数字の分布

（表2）

x	確率
0	0.1
1	0.1
2	0.1
3	0.1
……	……
9	0.1
	1.0

表も図も各数字の度数に大小の違いはあるが，相対度数を小数点2桁で四捨五入すると，相対度数はすべて0.1となる．それで（表1）の度数分布に対して，左の表で示されるような確率の分布を抽象的なモデルとして採用すればよい．このモデルを **離散型一様分布**（discrete uniform distribution）と呼ぶ．
具体的な度数分布のモデルと考えられる確率の分布の場合，データにあたるものを **確率変数**（random variable），右の表の$0, 1, 2, \cdots, 9$を確率変数Xの **実現値** という．確率変数の場合，大文字Xを，実現値は小文字xを使う．

$(X=0)$ とか $(X=2)$ などは事象にあたり,
$Pr(X=0)=Pr(X=2)=0.1$

などと書く.

一般的に

確率変数 X	x_1	x_2	x_3	……	x_n	計
確率 P	p_1	p_2	p_3	……	p_n	1

を**離散型確率分布表**という. 当然

$p_i \geq 0, \ p_1+p_2+\cdots+p_n=1.$

確率変数 X の**期待値** (expectation) は

$$E(X) \equiv \mu = \Sigma x_i p_i, \quad (\equiv は定義する, おくを示す) \tag{3}$$

分散 (variance) は

$$V(X) \equiv \sigma^2 = E((X-\mu)^2) = \Sigma (x_i-\mu)^2 p_i$$
$$= E(X^2) - \mu^2 = \Sigma x_i^2 p_i - \mu^2 \tag{4}$$

で定義される. 確率モデルは一種の母集団分布と想定されている.

(**例 2**) (表 2) の離散型確率分布の期待値と分散を求めよう.

$\mu = E(X) = 0 \times 0.1 + 1 \times 0.1 + 2 \times 0.1 + \cdots + 9 \times 0.1$
$\quad = (0+1+2+\cdots+9) \times 0.1 = 4.5 ;$
$\sigma^2 = V(X) = 0^2 \times 0.1 + 1^2 \times 0.1 + 2^2 \times 0.1 + \cdots + 9^2 \times 0.1 - 4.5^2$
$\quad = (0^2+1^2+2^2+\cdots+9^2) \times 0.1 - 4.5^2$
$\quad = 28.5 - 20.25 = 8.25$

因に (例 1) のデータでは

$\bar{x} = 4.38, \ s^2 = 8.075$

となる.

2. 二項モデル

各試行の結果が, **成功**と**失敗**の2つの結果からなり, 成功の確率が試行毎に一定であるようなものを**ベルヌイ試行**という. ここでは, ベルヌイ試行の

系列を取り上げる．

ロンドン・ユニヴァーシティ・カレジの生物学教授**ウェルドン**（W.F.R. Weldon; 1860－1906）は変異の研究のため，着任（1890年）後暫くたって確率論を勉強し始めた．彼は実験を繰り返すことで確率概念を理解しようと考えた．『ブリタニカ百科事典』の11版にウェルドンのサイコロ投げの実験結果が載っている．1度に12個のサイコロを投げ，6の目が出れば成功の目，そうでなければ失敗の目と決める．4096回の投げで成功の個数が0から12までの度数分布は（表3）のようになる．1回の投げで出た6の目の個数を X とすると

（表3）ウェルドンの12個の賽子投げの成功数

X	度数	相対度数	理論値
0	447	0.10913	0.112157
1	1145	0.27954	0.269176
2	1181	0.28833	0.296094
3	796	0.19434	0.197396
4	380	0.09297	0.088828
5	115	0.02808	0.028425
6	24	0.00586	0.006632
7以上	8	0.00195	0.001292
計	4096	1.00020	1.000000

（表3）のデータが得られた．理論値の計算の仕方は次の通りである．1個のサイコロを投げて6の目の出る（成功の）確率は $1/6$，6以外の目の出る（失敗の）確率は $5/6$；どのサイコロも独立に目を出すから，12個のサイコロ中 x 個が成功，$12-x$ 個が失敗するときの確率は

$$\left(\frac{1}{6}\right)^x \left(\frac{5}{6}\right)^{12-x}$$

である．12個のサイコロのどれが成功になるかは，$_{12}C_x$ 通りの場合がある．それで理論値は

2. 二項モデル

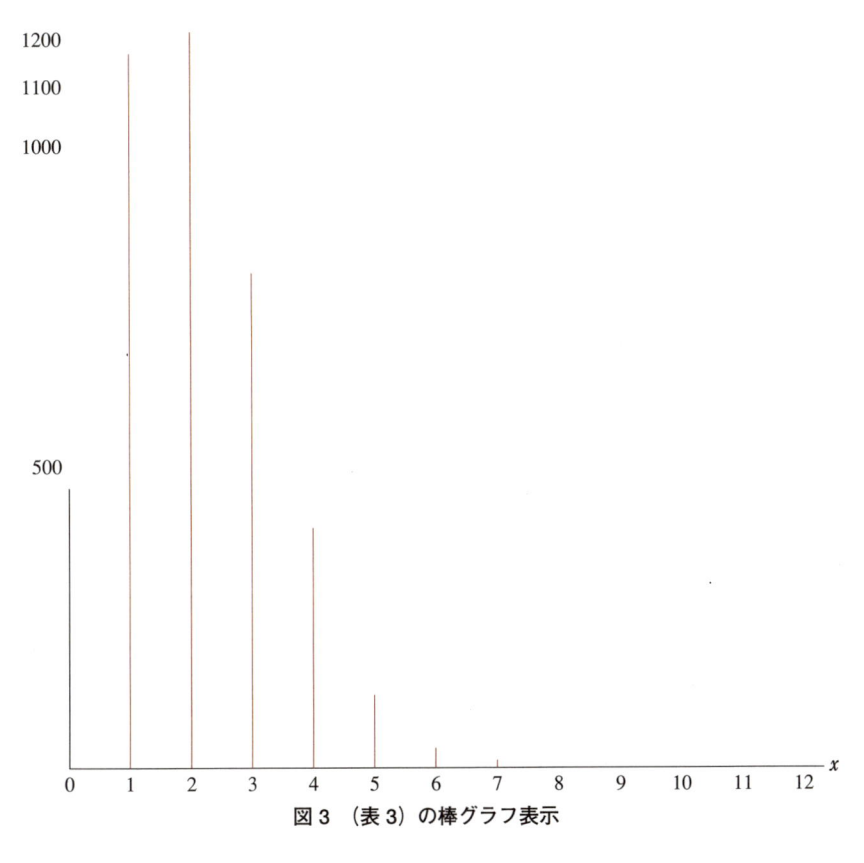

図3 (表3)の棒グラフ表示

$$_{12}C_x\left(\frac{1}{6}\right)^x\left(\frac{5}{6}\right)^{12-x} \quad , \quad x=0,1,2,\cdots,12$$

で計算される. $x=0$ とおいて計算した値が 0.112157 である. 他の理論値も同様に計算される.

1回の試行で成功する確率が p である事象が, n 回の独立試行で起こる成功の回数を確率変数 X とおくと, $X=x$ となる確率 $B(x;n,p)$ は

$B(x;n,p) = {}_nC_x p^x q^{n-x}$, ただし $q=1-p$ (5)

である.

確率 $B(x;n,p)$ をもったモデルを**二項分布** (binomial distribution) という。というのは二項式の展開

$$(q+p)^n = q^n + {}_nC_1 pq^{n-1} + {}_nC_2 p^2 q^{n-2} + \cdots + p^n$$

の各項がそれぞれ $B(0,n,p)$, $B(1,n,p)$, … となっているから．

$$q + p = 1$$

であるから

$$\sum_{x=0}^{n} B(x;n,p) = (q+p)^n = 1$$

となり，全事象の確率は1であることが分かる．

(例3) ある町工場に20人の工員がいる．工員たちは近くの2軒の食堂のいずれかで昼食をとる．どの食堂を選ぶかは各人毎日同じように確からしい．食堂の主人が0.90以上の確率で十分な席を確保しようと思うなら，これらの食堂は何席用意しておけばよいか．

(解) 一人の工員がどの食堂を選ぶか，その確率は1/2であるから

$$\sum_{x=0}^{n} {}_{20}C_x (1/2)^{20} \geq 0.90$$

となる n を求めると，$n=13$ で上の不等式の左辺は 0.9423 となる．従って13席用意しておけば，大体10回に1回は満員と断ることがあっても，それほど工員たちに不満をもたれることはない．

二項分布は n と p 2つの値により確率が決まるので，分布の数表を作るのは厄介である．（表4）と（図3）は二項分布 $B(x;20,p) = {}_{20}C_x p^x q^{20-x}$ を示す．

二項分布の平均と分散を求めよう．

$$E(X) = \sum_{x=0}^{n} x \cdot {}_nC_x p^x q^{n-x}$$

$$= \sum_{x=1}^{n} \frac{n!}{(x-1)!(n-x)!} p^x q^{n-x}$$

$$= np \sum_{x=1}^{n} \frac{(n-1)!}{(x-1)!(n-x)!} p^{x-1} q^{n-x}$$

［ここで $y = x-1$ とおく］

2. 二項モデル

(表4) 二項分布 $_{20}C_x p^x q^{20-x}$ の数表の一部

x	$p=0.1$ $q=0.9$	$p=0.2$ $q=0.8$	$p=0.3$ $q=0.7$	$p=0.4$ $q=0.6$	$p=0.5$ $q=0.5$
0	0.1216	0.0115	0.0008	0.0000	0.0000
1	0.2702	0.0576	0.0068	0.0005	0.0000
2	0.2852	0.1369	0.0278	0.0031	0.0002
3	0.1901	0.2054	0.0716	0.0123	0.0011
4	0.0898	0.2182	0.1304	0.0350	0.0046
5	0.0319	0.1746	0.1789	0.0746	0.0148
6	0.0089	0.1091	0.1916	0.1244	0.0370
7	0.0020	0.0545	0.1643	0.1659	0.0739
8	0.0004	0.0222	0.1144	0.1797	0.1201
9	0.0001	0.0074	0.0654	0.1597	0.1602
10	0.0000	0.0020	0.0308	0.1171	0.1762
11	0.0000	0.0005	0.0120	0.0710	0.1602
12	0.0000	0.0001	0.0039	0.0355	0.1201
13	0.0000	0.0000	0.0010	0.0146	0.0739
14	0.0000	0.0000	0.0002	0.0049	0.0370
15	0.0000	0.0000	0.0000	0.0013	0.0148
16	0.0000	0.0000	0.0000	0.0003	0.0046
17	0.0000	0.0000	0.0000	0.0000	0.0011
18	0.0000	0.0000	0.0000	0.0000	0.0002
19	0.0000	0.0000	0.0000	0.0000	0.0000
20	0.0000	0.0000	0.0000	0.0000	0.0000

$$= np \sum_{y=0}^{n-1} {}_{n-1}C_y p^y q^{n-1-y} = np(p+q)^{n-1}$$
$$= np \tag{6}$$

$$E(X^2) = \sum_{x=0}^{n} x^2 \cdot {}_nC_x p^x q^{n-x}$$
$$= \sum_{x=0}^{n} x(x-1) {}_nC_x p^x q^{n-x} + \sum_{x=0}^{n} x \cdot {}_nC_x p^x q^{n-x}$$

[ここで $y=x-2$ とおく]

図3 (表4)のグラフ

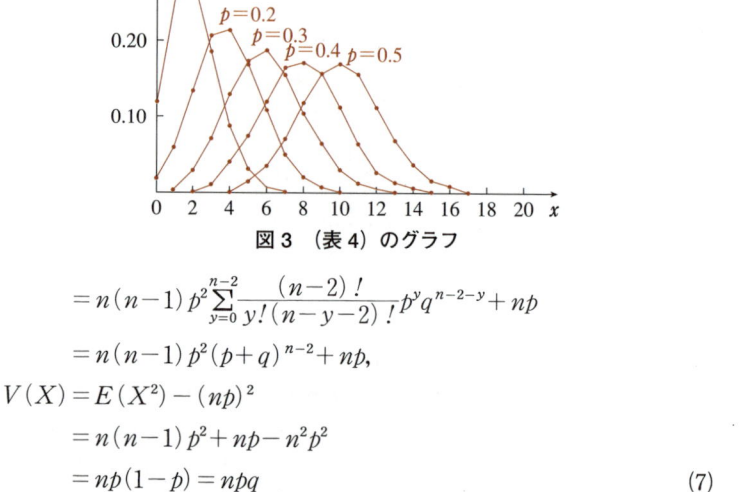

$$= n(n-1)p^2 \sum_{y=0}^{n-2} \frac{(n-2)!}{y!(n-y-2)!} p^y q^{n-2-y} + np$$
$$= n(n-1)p^2 (p+q)^{n-2} + np,$$
$$V(X) = E(X^2) - (np)^2$$
$$= n(n-1)p^2 + np - n^2 p^2$$
$$= np(1-p) = npq \tag{7}$$

（表3）と（図3）から分かるように，$B(x;20,p)$ の最大値は，二項分布の平均に等しい値の近い所でとることが分かる．

3. ポアッソン分布

1946年クラーク（R.D. Clark）は第二次大戦中のV1，V2号による爆撃の被害状況を調べた．ロンドン南部を576個の $0.25\,\mathrm{km}^2$ の小区画に分け，各区画にV号爆弾が何発命中したかの統計をとった．それは（表5）に示される．

この統計データにうまく適合する確率モデルを，どのように導くか？まず二項モデルの平均値を

$$np = \lambda$$

と固定する．そして

$$B(x;n,p) = {}_nC_x p^x q^{n-x}$$

3. ポアッソン分布

(表5) V1号, V2号の爆撃結果

X (命中数)	f (区画数)	相対度数
0	229	0.397569
1	211	0.366319
2	93	0.161458
3	35	0.060764
4	7	0.012153
5以上	1	0.001737
計	576	1.000000

$$= \frac{n(n-1)(n-2)\cdots(n-x+1)}{x!}\left(\frac{\lambda}{n}\right)^x\left(1-\frac{\lambda}{n}\right)^{n-x}$$

$$= \frac{\lambda^x}{x!}\left(1-\frac{1}{n}\right)\left(1-\frac{2}{n}\right)\cdots\left(1-\frac{x-1}{n}\right)\left(1-\frac{\lambda}{n}\right)^{-x}\left(1-\frac{\lambda}{n}\right)^n$$

n を十分大きく取ると,上の式で n を分母にもつ項は1に近づいていく.それで結局, 二項確率は

$$\frac{\lambda^x}{x!}\left(1-\frac{\lambda}{n}\right)^n \tag{8}$$

に近づいてくる. さらに

n	$(1+1/n)^n$	$(1-1/n)^{-n}$
5	2.48832	3.051578
10	2.59374246	2.86797199
100	2.70481382	2.73199903
1000	2.71692393	2.71964222
10000	2.71814592	2.71841776
100000	2.71826832	2.71829542
1000000	2.7182046	2.71828319

という計算から推測できるが

$$(1+1/n)^n, \quad (1-1/n)^{-n}$$

は 2.7182818285… という値に近づく. この値を e で表す. すると, n が十

分大きいとき
$$(1-\lambda/n)^{-n} = \{(1-\lambda/n)^{-n/\lambda}\}^{-\lambda} \to e^{-\lambda}$$
となる．それで(8)式は
$$\frac{\lambda^x e^{-\lambda}}{x!} \tag{9}$$
に近づく．(9)式を
$$p(x,\lambda) = \lambda^x e^{-\lambda}/x!, \quad x=0,1,2,3,\cdots$$
とおく．個々の x に対する確率が(9)式で与えられる確率モデルを**ポアッソン分布**という．フランスの数学者**ポアッソン**（S.D. Poisson；1781-1840）が『刑事・民事事件の判決の確率についての研究』（1837年）の206頁でこの分布を説明しているが，それより以前**ド・モワブル**（Abraham De Moivre；1667-1754）が『偶然論』（2版，1738年）の問題IIIとして，この分布を説明している．

こうして確率モデルが導かれたから，このモデルを V 爆弾のデータに当てはめてみよう．$X \geq 5$ 以上は代表値として $X=7$ を取ることにする．
$$\Sigma Xf = 537, \quad 平均 E(X) = 537/576 = 0.9323 \equiv \lambda,$$
この λ の値を(9)式に代入して

X	0	1	2	3	4	5以上	計
f	229	211	93	35	7	1	576
理論値	226.74	211.39	98.54	30.62	7.14	1.57	576

を得る．直観的によく適合していることが読み取れる［理論的には適合度検定に掛けねばならない］．

ポアッソン分布の期待値と分散を求めるために，指数函数 e^x が
$$e^x = 1 + x + \frac{1}{2!}x^2 + \frac{1}{3!}x^3 + \cdots + \frac{1}{n!}x^n + \cdots \tag{10}$$
と冪級数（べききゅうすう）で表されるという，微積分法の知識を必要とする．
$$e^\lambda = \sum_{x=0}^{\infty} \frac{\lambda^x}{x!} = \sum_{x=1}^{\infty} \frac{\lambda^{x-1}}{(x-1)!} = \sum_{x=2}^{\infty} \frac{\lambda^{x-2}}{(x-2)!}$$

3. ポアッソン分布

（図4）ポアッソン 　　　　（図5）ド・モワブル

を用いて

$$E(X) = \sum_{x=0}^{\infty} x \cdot \frac{e^{-\lambda}\lambda^x}{x!} = e^{-\lambda}\lambda \sum_{x=1}^{\infty} \frac{\lambda^{x-1}}{(x-1)!}$$
$$= e^{-\lambda}\lambda(1+\lambda+\lambda^2/2!+\cdots) = \lambda, \tag{11}$$

$$E(X^2) = \sum_{x=0}^{\infty} x^2 \cdot \frac{e^{-\lambda}\lambda^x}{x!}$$
$$= \sum_{x=0}^{\infty} x(x-1) \cdot \frac{e^{-\lambda}\lambda^x}{x!} + \sum_{x=0}^{\infty} x \cdot \frac{e^{-\lambda}\lambda^x}{x!} = \lambda^2 + \lambda$$

それで

$$V(X) = E(X^2) - E^2(X) = \lambda^2 + \lambda - \lambda^2 = \lambda \tag{12}$$

> ポアッソン分布に従う確率変数 X に対して　　$E(X) = V(X) = \lambda$

(例4) 統計的品質管理のもとでネジが生産されている．長い間の抜取検査で，ネジの不良率は 0.015 であることが分かっている．100 個のネジが入った箱の中に不良品が含まれていない確率は $(0.985)^{100} = 0.22060891$ である．この確率をポアッソン分布で近似すると，$np = 100 \times 0.015 = 1.5$ であるから $e^{-1.5} = 0.22313016$．だから実用的には十分に良い近似値といえる．次に少な

くとも 100 個の合格品がでる確率を 0.8 以上にするには，箱の中のネジの個数を何個にしたら良いか．

(解) 箱の中のネジの個数を $n=100+x$ とする．ポアッソンのモデルで近似すると，$\lambda=np \fallingdotseq 100p=1.5$ とおいても差し支えない．不良品が x 個以内である確率は

$$e^{-1.5}\left\{1+\frac{1.5}{1}+\frac{1.5^2}{2!}+\cdots+\frac{1.5^x}{x!}\right\} \geqq 0.8$$

となる最小の整数を求めると良い．

$x=1$ とおくと 0.5578254 ; $x=2$ とおくと 0.8088468 となり，$x=2$. 従って，箱の中のネジは 102 個にすればよい．

もしも二項モデルで計算すると
$(0.985)^{102}+{}_{102}C_1(0.985)^{101}(0.015)+{}_{102}C_2(0.985)^{100}(0.015)^2$
$=0.80218995$
となる．

4. 指数分布

前節のポアッソン分布は時間的に，また場所的に離散的・偶発的な事象が発生する場合の回数モデルとして導かれた．このような発生過程を**ポアッソン過程**という．

そこでその生起の間隔を調べてみよう．時間を $t>0$ とし，区間 $[0, t]$ を n 等分し，$n\Delta t=t$ とする．1 回の試行で成功する確率が p，失敗する確率が $q=1-p$ のベルヌイ試行を Δt 時間毎に繰り返す．n 番目の試行までは失敗を繰り返し（何も起こらず），$n+1$ 番目で初めて成功（事が起こる）する確率は $q^n p$ である．$p=\lambda \Delta t$，$(\lambda>0)$ とおく．すると

$$np=n\lambda\Delta t=\lambda t$$

であるから

$$q^n p=(1-\lambda t/n)^n \lambda \Delta t,$$

$\lambda t/n=1/m$ とおくと，$n\to\infty$ ならば $m\to\infty$ となる．

4. 指数分布

$$q^n p = \{(1-1/m)^{-m}\}^{(-\lambda t)} \lambda \Delta t$$
$$\to \lambda e^{-\lambda t} \Delta t \qquad (m \to \infty \text{ のとき})$$

それで時刻 0 から数えて，時間区間 $[t, t+\Delta t]$ で初めてある事象が起こる確率は

$$\lambda e^{-\lambda t} \Delta t$$

で近似される．一般に

$$f(t) = \lambda e^{-\lambda t} \qquad (t \geq 0 \text{ のとき})$$
$$= 0 \qquad (t < 0 \text{ のとき})$$

によって定義される $f(t)$ を**指数分布** (exponential distribution) という．

銀行や病院の窓口で待ち行列を作ってサービスを受けるまで待つことが多いが，客の到着をポアッソン過程とみると，その到着間隔は指数分布に従う．また，指数分布では

$$f'(t) = -\lambda^2 e^{-\lambda t}$$

となるので，**減衰率**

$$\frac{f'(t)}{f(t)} = \frac{-\lambda^2 e^{-\lambda t}}{\lambda e^{-\lambda t}} = -\lambda$$

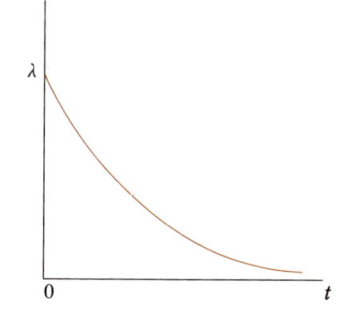

は常に一定で，時間に無関係で，過去に依存しないので**無記憶性**をもっているという．人間や機械の寿命，核物質の崩壊時間，災害の分布などに指数分布は応用される．

(**例 5**) JR の駅で電車の平均発車間隔は 9 分の指数分布に従っているものとする．ある人が駅に到着して 4 分以内に電車に乗れる確率を求めよ．またこの確率から逆に平均待ち時間が 9 分であることを確かめよ．

(解) 電車が t 分以内に駅に来る確率は，Δt を dt で置き換え

$$Pr(X < t) = \int_0^t \lambda e^{-\lambda t} dt = \lambda [-e^{-\lambda t}/\lambda]_0^t$$
$$= 1 - e^{-\lambda t} \qquad ①$$

さて

$$\frac{d}{dt}(te^{-\lambda t}) = e^{-\lambda t} - \lambda te^{-\lambda t}$$

より

$$\lambda te^{-\lambda t} = -\frac{d}{dt}(te^{-\lambda t}) + e^{-\lambda t} \qquad ②$$

となる．それで平均待ち時間は②式を 0 から ∞ まで積分し

$$\begin{aligned}E(t) &= \int_0^\infty t \cdot \lambda e^{-\lambda t} dt \\ &= [-te^{-\lambda t}]_0^\infty + \int_0^\infty e^{-\lambda t} dt \\ &= [-e^{-\lambda t}/\lambda]_0^\infty = 1/\lambda = 9\end{aligned}$$

よって　　$\lambda = 1/9$

∴　　$Pr(X<4) = 1 - e^{-4/9} = 1 - 0.6412 = 0.3588$

これが 4 分以内に電車が来る確率である．$\lambda = 1/9$ のとき，平均待ち時間は

$$E(t) = \int_0^\infty te^{-t/9} dt/9 = 9$$

によって確かめられる．

問 題 4

1. $np - q \leq x \leq np + p$ を満たす整数 x に対して，$B(x, n, p)$ が最大値をとることを示せ．

2. 別の腕にガンマ・グロブリンの注射をせずに，ハシカ・ワクチンの注射を受けた子供たち全体の 60％ に，（発熱とか発疹というような）副作用が認められた．このワクチン注射を受けた 5 人の子供たちについて

    (1) 全くどの子にも副作用がみられない確率，
    (2) 少なくとも 1 人の子供に副作用がみられる確率，
    (3) ちょうど 3 人に副作用がみられる確率

を求めよ．

[答. (1) 32/3125, (2) 3093/3125, (3) 2133/3125]

3. プロ野球の日本シリーズは先に4勝した方が優勝する．いずれのチームも1回の対戦で勝つ確率は1/2とする．最初の試合の勝者が日本シリーズで優勝する確率を求めよ．ただし先に4勝したチームは残りの試合を消化試合とする．

[答．23/32]

4. 10問からなる多項選択式テストがある．各問は3つの選択回答群があり，その中の1つが正解である．全くデタラメに回答を選ぶものとする．
 (1) 1問も正解でなかった確率
 (2) このテストに合格するには，最低7問を正解としなければならない．このテストに合格する確率を求めよ．

[答．(1) $(2/3)^{10} = 1024/59049 = 0.0173$, (2) $(960+180+20+1)/59049 = 0.0197$]

5. ある高速道路で1日に起こる事故の回数は $\lambda=3$ のポアッソン・モデルに従うと仮定する．今日，少なくとも1回事故が起こるという条件のもとで，事故が3回以上起こる確率を求めよ．

[答．$(1-17e^{-3}/2)/(1-e^{-3})$]

6. 微分法を知っておれば，次の問題を解け．
$$g_x(t) = E(t^x) = \Sigma pt(X=x)t^x$$
で定義される関数を**確率母関数**という．
 (1) $g'_x(1) = E(X)$, $g''_x(1) = E(X^2) - E(X)$,
 $g''_x(1) + g'_x(1) - [g'_x(1)]^2 = V(X)$
であることを示せ．
 (2) 二項分布 $Pr(X=x) = B(x;n,p)$ に対しては $g_x(t) = (q+pt)^n$ であることを示し，$E(X)$, $V(X)$ を求めよ．
 (3) ポアッソン分布に対しては $g_x(t) = e^{\lambda(t-1)}$ であることを示して，$E(X)$, $V(X)$ を求めよ．

7. ラジオの寿命は $\lambda=1/8$ の指数分布に従うものとする．ある人が購入したラジオが8年以上故障しない確率を求めよ．

[答．e^{-1}]

8. 指数関数 $f(x) = \lambda e^{-\lambda x}, (x \geq 0)$ の積率母関数は

$$g_x(t) = \int_{-\infty}^{+\infty} f(x) e^{tx} dx$$

で定義される．
(1) $g_x(t)$ を求めよ．
(2) $g_x'(0) = E(X)$，$g_x''(0) = E(X^2)$ であることを示せ．
(3) 指数分布の平均と分散を求めよ．

［答．(1) 積率母関数は $\lambda/(\lambda - t)$，(2) e^{tx} を級数展開し，項別に積分せよ．
(3) 平均 $= 1/\lambda$，分散 $= 1/\lambda^2$］

第五章　正規分布

1. 連続的事象の確率

　今まで全事象 Ω に含まれる根源事象は有限個か，もしくは可算個だった．ポアッソン分布は可算個の根源事象をもつ例であるが，確率変数 X が極めて大きい値をとる確率は実際的に 0 であり，そういう点で有限個の場合と考えて差し支えない．

　さて，ルーレットを考えてみよう．ルーレット盤面の周囲は 0 から 1 までの数が一様に分布していると考える．回した針の停止位置の示す数が $X=x$ とする．x は 0 と 1 の間の数で，それに対応する針の停止位置は同等に確からしい．しかも 0 と 1 の間の数は無限にあり，
$$Pr(X=x)=0 \tag{1}$$
とならねばならない．このように連続的事象の場合，空事象でなくても，確率が 0 になることがある．$0<x_1<x_2<1$ の数 x_1, x_2 をとり，区間 $[x_1, x_2]$ の間の一点でルーレットの針が止まる確率
$$Pr(x_1<X<x_2)$$
はその区間の長さに比例すると仮定すると
$$Pr(x_1<X<x_2)=k(x_2-x_1) \tag{2}$$
と表される．全事象は $(0\leqq X\leqq 1)$ に相当するから
$$Pr(0\leqq X\leqq 1)=1=k \tag{3}$$
となる．それで
$$Pr(x_1\leqq X\leqq x_2)=x_2-x_1, \tag{4}$$
となる．$Pr(X=x_2)=Pr(X=x_1)=0$ だから
$$Pr(x_1\leqq X\leqq x_2)=Pr(x_1<X<x_2)$$

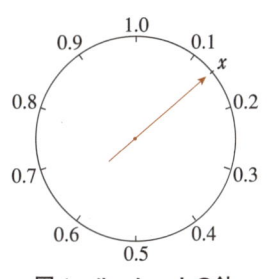

図1　ルーレットの針

である．

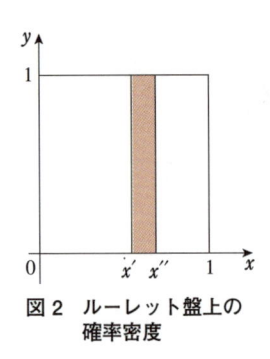

$$\frac{Pr(x_1 \leq X \leq x_2)}{x_2 - x_1}$$

は区間 $[x_1, x_2]$ 分配される確率の大きさ，つまり**確率密度**を表す．

(例1) 小数第2位を四捨五入して小数第1位に丸める場合の誤差について，確率密度を求めよ．

(解) 誤差は半開区間 $(-0.05, 0.05)$ の間に一様に分布している．それで

$-0.05 \leq x_1 < x_2 < +0.05$ に対して

$$\frac{Pr(x_1 \leq X \leq x_2)}{x_2 - x_1} = k$$

とおく．$x_1 = -0.05$, $x_2 = 0.05$ とおくと

$$Pr(-0.05 \leq X \leq +0.05) = 1$$

だから，$k = 10$ となる．

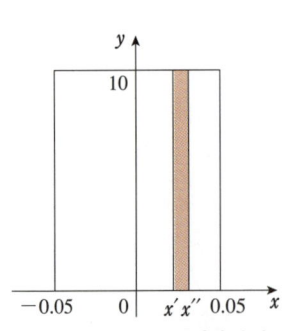

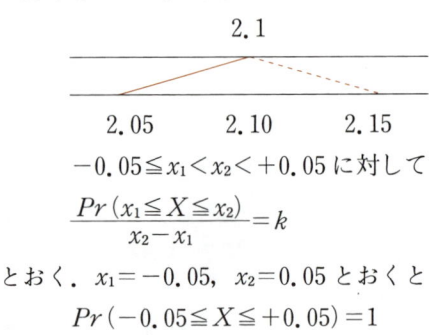

図2 ルーレット盤上の確率密度

図3 丸めの誤差の確率密度

2. 正規分布

ある成人の身長は遺伝や生活環境などに左右されて決まるが，そのような要因がどの人も同じと考えると，ある人の身長が区間 $[a, b]$ の中にある確率というものが考えられる．（表1）の統計データを見よう．

（表1）を見ても分かるように，極端に身長の低い人や高い人は少ない．だから $Pr(56 \leq X < 57)$ と $Pr(86 \leq X < 87)$ は同じではないだろう．確率密度を

$$\frac{Pr(x \leq X < x+h)}{h} \fallingdotseq f(x) \tag{5}$$

2. 正規分布

(表1) 1883年大英人体測定協会最終報告から8585人の成人男性の身長分布 (57-は $56\frac{15}{16}$ から $57\frac{15}{16}$ インチの区間を示す)

X (身長区間)	度数 f	X	f
57-	2	68-	1230
58-	4	69-	1063
59-	14	70-	646
60-	41	71-	392
61-	83	72-	202
62-	169	73-	79
63-	394	74-	32
64-	669	75-	16
65-	990	76-	5
66-	1223	77-	2
67-	1329	計	8585

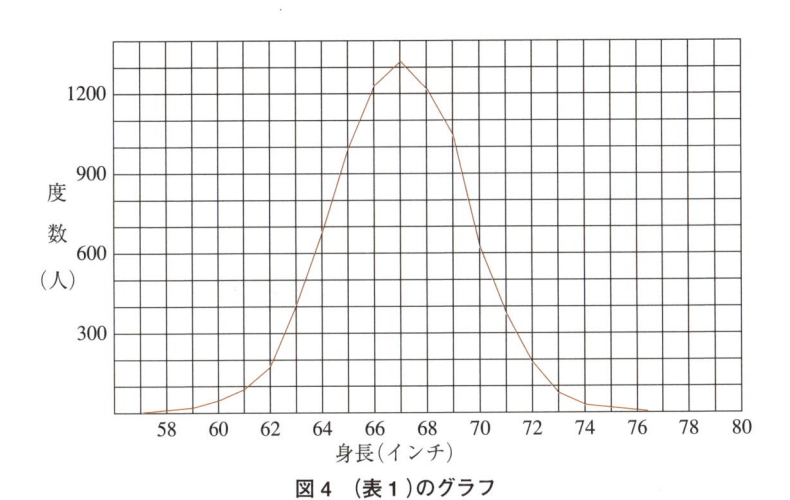

図4 (表1)のグラフ

第五章　正規分布

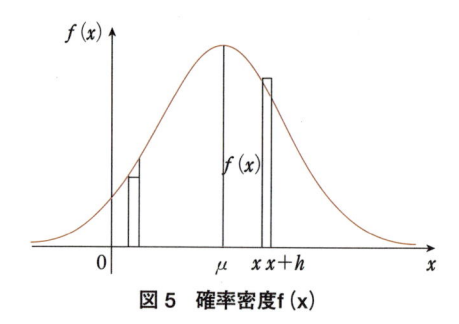

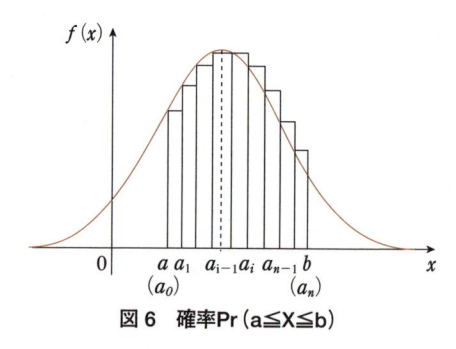

と考えること，つまり
$$Pr(x \leqq X < x+h) \fallingdotseq f(x)h$$
と考えるのが妥当である．区間 $[a, b]$ を n 区間に細分して，その分点を
$$a = a_0 < a_1 < a_2 < \cdots < a_n = b$$
とする．すると確率の加法定理により

$$\begin{aligned}&Pr(a_0 \leqq X \leqq a_n)\\ &= \sum_{i=0}^{n} Pr(a_{i-1} \leqq X \leqq a_i)\\ &\fallingdotseq \sum f(a_{i-1})(a_i - a_{i-1})\end{aligned} \quad (6)$$

と近似される．この近似値は（図6）の n 本の短冊の面積の和になる．細分をどんどん細かくしていくと，(6)式の和は積分値
$$\int_a^b f(x)\,dx$$

図5　確率密度f(x)

図6　確率Pr(a≦X≦b)

に近づく．それで $f(x)$ として（図5）の釣鐘型をした関数

$$f(x) = \frac{1}{\sqrt{2\pi}\,\sigma} \exp\left[-\frac{(x-\mu)^2}{2\sigma^2}\right] \tag{7}$$

をとる．(7)式で表される密度をもつ確率モデルを**正規分布**（normal distribution）といい，記号で $N(\mu, \sigma^2)$ と書く．$N(\mu, \sigma^2)$ に従う確率変数 X が a から b までの間の値を取る確率は（図7）の黒色部の面積に等しく，積分の形で表すと

$$\int_a^b \frac{1}{\sqrt{2\pi}\,\sigma} \exp\left[\frac{(x-\mu)^2}{2\sigma^2}\right] dx$$

である．この積分値を求めることは容易でないし，すべての μ と σ について数表を作ろうとすれば，二項分布同様，膨大なものになる．しかしここで変数 x を

2. 正規分布

$$z = \frac{x-\mu}{\sigma} \tag{8}$$

と変換すると

$$dz = dx/\sigma$$

だから，密度関数は

$$y = \frac{1}{\sqrt{2\pi}}\exp(-z^2/2) \tag{9}$$

となる．こうして変数変換した z を**標準化した変数**といい，(9)式で表される密度をもつ確率モデルを**標準正規分布**といい，記号で $N(0,1)$ と書く．

(9)式で表される密度関数は

(Ⅰ) $z=0$ において最大値 $1/\sqrt{2\pi}$ をとること，
(Ⅱ) y は $z=0$ （y 軸）に関して対称であること，
(Ⅲ) $z \to \pm\infty$ ならば，$y \to 0$ となること，
(Ⅳ) $z = \pm 1$ で変曲点となること，
(Ⅴ) $\displaystyle\int_{-\infty}^{+\infty} \frac{1}{\sqrt{2\pi}}\exp\left[-\frac{z^2}{2}\right]dz = 1$

であることが，微積分法によって決まる．さらに奇関数の性質より，期待値（平均）は

$$E(Z) = \int_{-\infty}^{+\infty} zy\, dx = 0,$$

となる．部分積分法を使うと

$$V(X) = \frac{1}{\sqrt{2\pi}}\int_{-\infty}^{+\infty} z^2 \exp\left(-\frac{z^2}{2}\right)dz = \frac{2}{\sqrt{2\pi}}\int_{0}^{\infty} z^2 \exp\left(-\frac{z^2}{2}\right)dz$$
$$= \frac{2}{\sqrt{2\pi}}\left\{\left[-z\exp\left(-\frac{z^2}{2}\right)\right]_0^\infty + \int_0^\infty \exp\left(-\frac{z^2}{2}\right)dz\right\}$$
$$= (2/\sqrt{2\pi}) \times (\sqrt{2\pi}/2) = 1$$

それで

> Z が $N(0,1)$ に従う確率変数のとき，$E(Z)=0$，$V(Z)=1$，

連続的確率変数の場合，期待値（平均）や分散は加算の記号の代わりに，

積分の記号で表す．また
$$\sigma z = x - \mu$$
から
$$\sigma E(Z) = E(X) - \mu = 0,$$
$$V(\sigma Z) = \sigma^2 V(Z) = V(X-\mu) = V(X)$$
より

> X が $N(\mu, \sigma^2)$ に従う確率変数のとき，$E(X) = \mu$，$V(X) = \sigma^2$．

変数を標準化することで，0 から z までの積分値 $I(z) = Pr(0 \leq Z \leq z)$ が巻末に数表として与えられているので，これを利用する．$I(z)$ と $I(-z)$ は（図8）の黒色部で示されている．

(例2) 本節のイギリスの成人男性8585人の身長分布に正規分布を当てはめてみよう．変数 X は各区間の中央値，例えば $57\frac{7}{16}$，$58\frac{7}{16}$ …で代表させて，度数を重みと考え，平均値と分散を計算してみると
$$E(X) = 67.46, \quad V(X) = 6.6168, \quad \sqrt{V(X)} = 2.57$$
となる．そこで身長分布を $N(67.46, 2.57^2)$ と考える．
ここで $Z = (X - 67.46)/2.57$ であるが，X の値は各区間の最大値，例えば

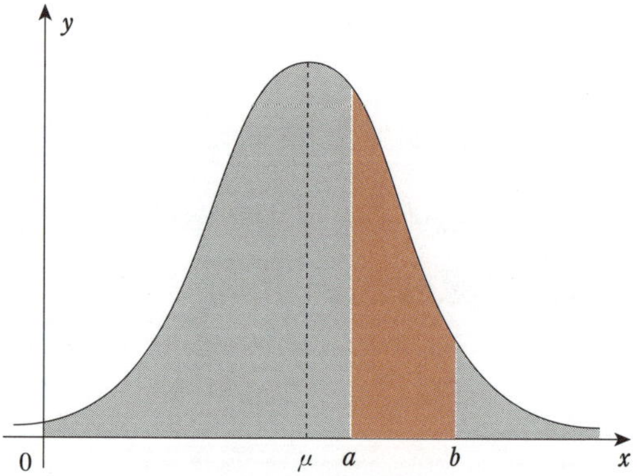

図7　Pr(a≦X≦b)

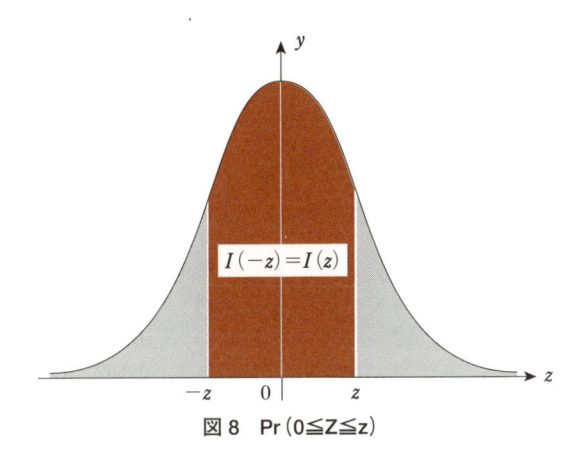

図8 Pr(0≦Z≦z)

$57\frac{15}{16}$, $58\frac{15}{16}$ などをとることにする．累積比率と $\Phi(z)=Pr(-\infty<Z\leqq z)$ の欄を比較すると，身長の分布は正規分布にかなり良く適合している．

$\Phi(z)$ の値は次のように計算する：

$z>0$ のとき，$\Phi(-z)=0.5-I(z)$，$\Phi(z)=0.5+I(z)$

例えば，$\Phi(-0.592)=0.5-I(0.592)$，しかるに

$I(0.59)=0.2224$, $I(0.60)=0.2258$,

$1:0.2=0.2258-0.2224:x$,

$x=0.0034\times 0.2=0.00068 \fallingdotseq 0.0007$,

それで

$I(0.592)=0.2224+0.0007=0.2231$

$\Phi(-0.592)=0.5-0.2231=0.2769$

他も同様に計算される．結果は次頁の（表2）に載せてある．

3. 正規確率紙

確率変数 X が $N(\mu,\sigma^2)$ に従うとき

x	f	累積和	累積比率	Z	$\Phi(z)$
57―	2	2	0.0002	−3.705	0.0001
58―	4	6	0.0007	−3.316	0.0006
59―	14	20	0.0023	−2.927	0.0017
60―	41	61	0.0071	−2.538	0.0055
61―	83	144	0.0168	−2.149	0.0158
62―	169	313	0.0365	−1.760	0.0392
63―	394	707	0.0824	−1.371	0.0853
64―	669	1376	0.1603	−0.982	0.1634
65―	990	2366	0.2756	−0.592	0.2769
66―	1223	3589	0.4181	−0.203	0.4198
67―	1329	4918	0.5729	0.186	0.5738
68―	1230	6148	0.7161	0.575	0.7173
69―	1063	7211	0.8400	0.964	0.8325
70―	646	7857	0.9152	1.353	0.9119
71―	392	8249	0.9609	1.742	0.9593
72―	202	8451	0.9844	2.131	0.9834
73―	79	8530	0.9936	2.520	0.9941
74―	32	8562	0.9973	2.910	0.9982
75―	16	8578	0.9992	3.299	0.9995
76―	5	8583	0.9998	3.688	0.9999
77―	2	8585	1.0000	4.077	1.0000
計	8585				

(表2) (表1) の正規近似

$$Pr(a \leq X \leq b) = \Phi(\frac{b-\mu}{\sigma}) - \Phi(\frac{a-\mu}{\sigma})$$

である．それで巻末の付表から

$$Pr(X \leq \mu - 3\sigma) = \Phi(-3) = 0.0013,$$
$$Pr(X \leq \mu - 2\sigma) = \Phi(-2) = 0.0228,$$
$$Pr(X \leq \mu - \sigma) = \Phi(-1) = 0.1587, \ Pr(X \leq \mu) = \Phi(0) = 0.5000,$$
$$Pr(X \leq \mu + \sigma) = \Phi(+1) = 0.8413,$$
$$Pr(X \leq \mu + 2\sigma) = \Phi(+2) = 0.9772,$$

3. 正規確率紙

$$Pr(X \leq \mu+3\sigma) = \Phi(+3) = 0.9987,$$

となる．

　グラフ用紙上に，横軸は普通の等間隔目盛，縦軸上で原点から $\mu+k\sigma$ の距離に $\Phi(x)$ の値を目盛った目盛をとる．すると正規分布の関数 $\Phi(x)$ のグラフは対角線になる．このようなグラフ用紙を**確率紙** (probability paper) という．確率紙を使うと，面倒な計算をしなくても，横座標に x の値，縦座標に累積度数比率の値をもつ点を打点し，ほぼ直線上に並べば，正規分布と考えて良い．さらに，$y=0.5000$ に対応する x の値を求めると期待値（平均）μ，$y=0.84$ に対応する x の値を求めると $\mu+\sigma$ が得られ，それから標準偏差 σ の値が読み取れる．

(例3) (例2) のイギリスの成人男性の身長分布のデータを確率紙の上にプ

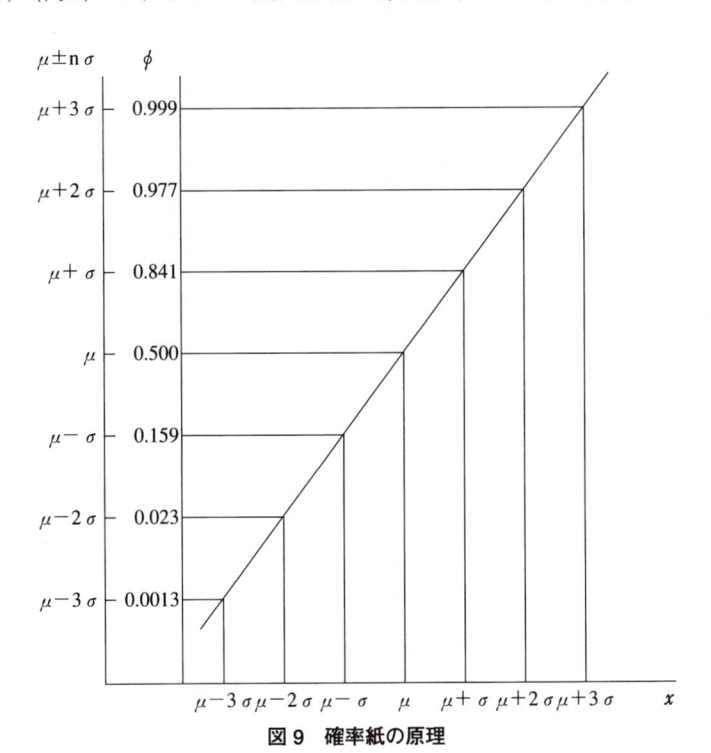

図9　確率紙の原理

76　　　　　　　　　　第五章　正規分布

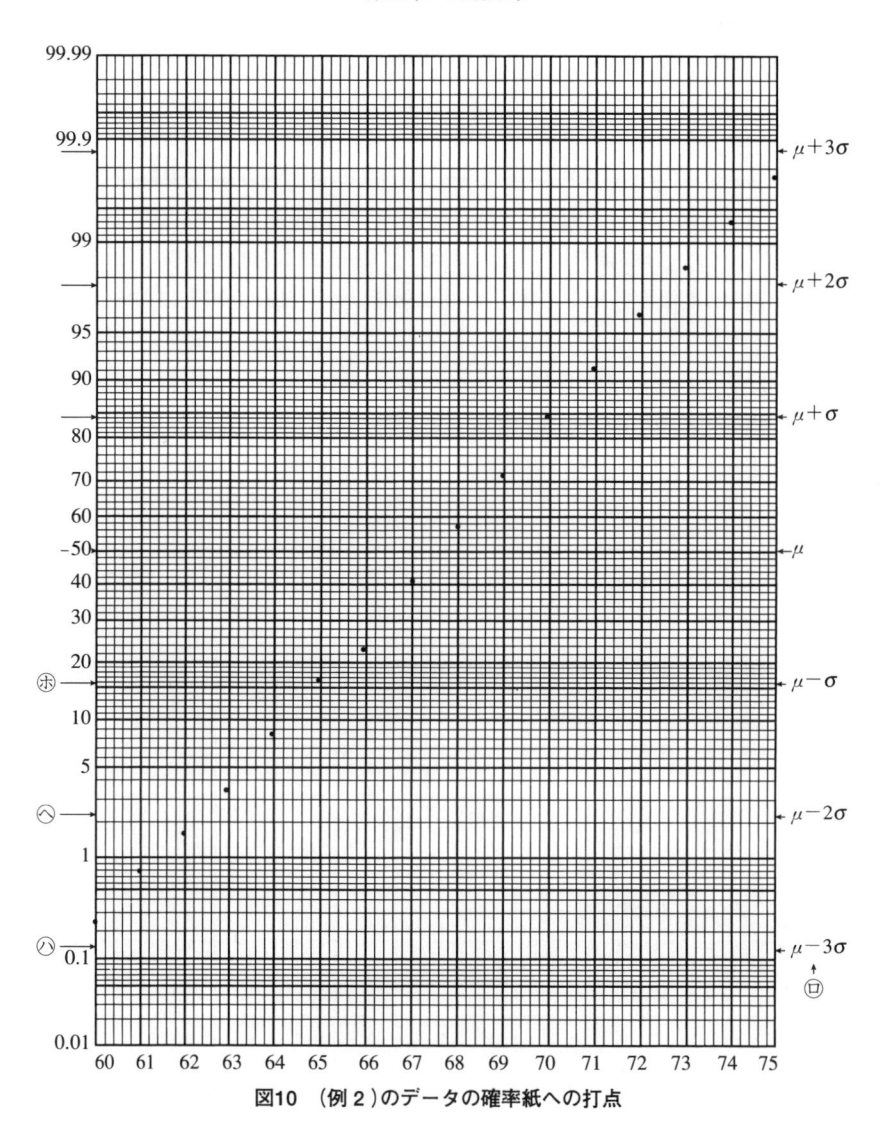

図10　(例2)のデータの確率紙への打点

ロット（打点）する．大体，データは正規分布に従っていることが分かるだろう．

4. $Q-Q$プロット

データが正規分布に従っているかどうかを大雑把に知る手段として，もう一つ $Q-Q$ プロット (Quantile plots) という方法がある．その方法は

(1) データを大小の順に配列して，それらを $x_1, x_2, \cdots, x_n$ とし，それらに対応する確率の値を

$$(1-1/2)/n, \ (2-1/2)/n, \cdots, (n-1/2)/n$$

とする．

(2) 標準正規分布の **n 分位数** $q_1, q_2, \cdots, q_n$ を計算する．n 分位数とは，標準正規分布の曲線下の面積を n 等分した分点の横座標を指す．

(3) 観測値の組 $(q_1, x_1), (q_2, x_2), \cdots, (q_n, x_n)$ をグラフ用紙上に打点し，直線上に点が並んでいるかどうかを見ることである．

(**例 4**) 超短波オーブンのドアを閉めたとき，放射線がどれだけ発生するかを

オーブン番号	放射線量	オーブン番号	放射線量	オーブン番号	放射線量	オーブン番号	放射線量
1	0.15	12	0.02	23	0.03	34	0.30
2	0.09	13	0.01	24	0.05	35	0.02
3	0.18	14	0.10	25	0.15	36	0.20
4	0.10	15	0.10	26	0.10	37	0.20
5	0.05	16	0.10	27	0.15	38	0.30
6	0.12	17	0.02	28	0.09	39	0.30
7	0.08	18	0.10	29	0.08	40	0.40
8	0.05	19	0.01	30	0.18	41	0.30
9	0.08	20	0.40	31	0.10	42	0.05
10	0.10	21	0.10	32	0.20		
11	0.07	22	0.05	33	0.11		

(R.A. ジョンソン；D.W. ウィッチャン『多変量解析の徹底研究』1988 年より引用）

x_i	f_i	$(i-1/2)/n$	q_i
0.01	2	0.0333	−1.835
0.02	3	0.1000	−1.281
0.03	1	0.1667	−0.966
0.05	5	0.2333	−0.728
0.07	1	0.3000	−0.525
0.08	3	0.3667	−0.340
0.09	2	0.4333	−0.168
0.10	9	0.5000	0.000
0.11	1	0.5667	0.168
0.12	1	0.6333	0.340
0.15	3	0.7000	0.525
0.18	2	0.7667	0.728
0.20	3	0.8333	0.966
0.30	4	0.9000	1.281
0.40	2	0.9667	1.835

製造会社が測定した．42個のオーブンが無作為に抽出されて測定された．結果は77頁の表の通りである．

このデータを放射線量の少ない方から多い方へ配列し直した度数分布表を作ると，右表のようになる．その際，q_iの値も正規分布表から求めておく．

この表により得られた (q_i, x_i) を打点したものが下の図である．

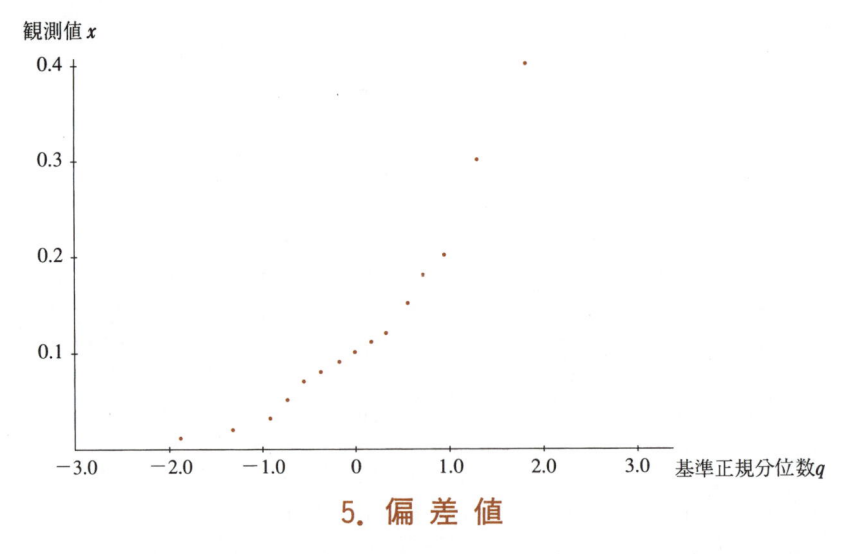

Q–Q プロットは1960年代後半，ベル電話研究所でウィルク（M.B. Wilk）などにより開発された技法である．

観測値 x 対 基準正規分位数 q

5. 偏差値

テストの得点そのままを粗点（素点，raw score）で表すとき，他のテス

5. 偏差値

トとの比較はできないし，また学級や学年で何位にいるのかも分からない．極端な例だが，数学の試験で90点とったといって喜んでいても，自分以外が全員100点であれば，どん尻ということになる．

また，A君は2回の数学のテストで75点と80点をとった．このときのクラスの平均点と標準偏差はそれぞれ60点，10点；62点，14点だった．A君は1回目は平均より15点高く，2回目は18点高かったので，2回目の方が成績が上がったように思われる．果たしてそうだろうか．

2回にわたるテストはバラツキの測度，つまり標準偏差が違うので，同一分布とはいえず，単純に平均を比較するだけでは不十分である．そのために粗点を標準尺度で表すことにする．

第一の方法は，どのテストの得点も平均0，標準偏差を1にすることである．テストの得点をx，平均$\bar{x}$，標準偏差sとすると

$$z=(x-\bar{x})/s \tag{10}$$

で表現されるz(zスコア)を使うことである．

第二の方法は，zスコアの平均を50に，標準偏差を10に変換した

$$Z=10(x-\bar{x})/s+50=10z+50 \tag{11}$$

で表現される**標準Zスコア**（または**偏差値**）を使うことである．

A君の偏差値は，最初のテストでは65点，後のテストでは63点で，第一のテストの方が良かったと言って良い．

偏差値の計算はどんな得点分布の形でも使えるが，ほぼ正規分布に近い時のZスコアを，特に**Tスコア**という．

(例5) 学校で用いられている**五段階評価**とは，テスト結果が

$z<-1.5,\ -1.5\leq z<-0.5,\ -0.5\leq z<0.5,$
$0.5\leq z<1.5,\ 1.5\leq z$

と分類される．得点分布が正規分布に近いとき，各段階の人数比率を求めよ．

$Pr(z\leq -1.5)=\Phi(-1.5)=0.0668\quad (6.7\%)$
$Pr(-1.5\leq z<-0.5)=\Phi(-1.5)-\Phi(-0.5)$
$\qquad\qquad\qquad\qquad =0.3085-0.0668=0.2417\quad (24.2\%)$

$$Pr(-0.5 \leq z < 0.5) = \Phi(0.5) - \Phi(-0.5)$$
$$= 0.6915 - 0.3085 = 0.3830 \quad (38.3\%)$$
$$Pr(0.5 \leq z < 1.5) = 0.2417, \quad Pr(1.5 \leq z) = 0.0668.$$

かくして，上位約6.7%に評価点5，次の24.2%に評価点4，さらに続く38.3%に評価点3を，というように人間の能力の一部を量化して測定し，偏差値として分類分けすることは，1920年代アメリカの心理学や教育学の分野で流行した．しかし数人の子供しかいない過疎地の小学校で，このような分類が果たして可能であろうか．

6. 最小二乗法の原理

同じ物を同じ手段で n 回測定し，測定値を $x_1, x_2, \cdots, x_n$ とする．真の値 μ は不明である．測定誤差は

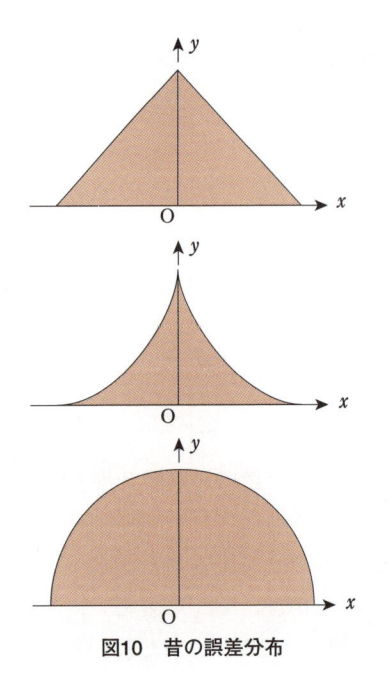

$$\varepsilon_1 = x_1 - \mu, \ \varepsilon_2 = x_2 - \mu, \cdots,$$
$$\varepsilon_n = x_n - \mu$$

である．誤差 $\varepsilon_1, \varepsilon_2, \cdots, \varepsilon_n$ がどんな分布をするかは非常に重要であり，昔からいろいろな分布が考え出されてきた．

シンプソン（Thomas Simpson；1710-1761）とラグランジュ（J.L. Lagrange；1736-1813）はそれぞれ1736年と1773年に

$$y = m|x| + c,$$

ラプラス（P.S. de Laplace；1749-1827）は1774年

$$y = \frac{m}{2}\exp(-m|x|),$$

ダニエル・ベルヌイ（Daniel Bernoulli；1700-1752）は1778年

図10 昔の誤差分布

$$y = \sqrt{r^2 - x^2}$$
を誤差起生の分布関数と考えた．1809 年ガウス (K.F. Gauss; 1777−1855) はこの分布が $N(0, \sigma^2)$ であることを『天体運動論』の中で証明した．

この事実を使うと，誤差が ε_1 と $\varepsilon_1 + d\varepsilon_1$（$d\varepsilon_1$ は極めて小さい）の間にある確率は

$$\frac{1}{\sqrt{2\pi}\sigma} \exp\left[-\frac{\varepsilon_1^2}{2\sigma^2}\right] d\varepsilon_1$$

となる．$\varepsilon_2, \cdots, \varepsilon_n$ に対しても同様である．かくして n 回の観測値の誤差が $\varepsilon_1, \varepsilon_2, \cdots, \varepsilon_n$ になる確率 P は

$$\frac{1}{(\sqrt{2\pi}\sigma)^n} \exp\left[-\frac{\varepsilon_1^2 + \varepsilon_2^2 + \cdots + \varepsilon_n^2}{2\sigma^2}\right] d\varepsilon_1 d\varepsilon_2 \cdots d\varepsilon_n$$

である．P が最大になるときが，一番起こりやすいと考えれば，このとき

$$\varepsilon_1^2 + \varepsilon_2^2 + \cdots \varepsilon_n^2 = (x_1 - \mu)^2 + (x_2 - \mu)^2 + \cdots + (x_n - \mu)^2$$

が最小であれば良いことは明らかである．上式を最小にする μ の値が真の値の**最確値** (most probable value) で

$$\mu = (x_1 + x_2 + \cdots + x_n)/n = \bar{x}$$

となる．

最確値を真の値の代用とすることが**最小二乗法の原理**である．

問 題 5

1. ラッシュアワーに JR 神戸線はちょうど 4 分間隔で各駅停車の電車が走っている．ある人が駅に行き，電車を待つ時間 X が一様分布に従うとき，その人が駅で 1 分半以上 3 分半以内に次の電車が来る確率を求めよ．

   ［答．$(3.5 - 1.5)/4 = 1/2$］

2. 正規分布 $N(\mu, \sigma^2)$ において，測定値が
   (1) $\mu - 2\sigma$ から $\mu + 2\sigma$ までの間
   (2) $\mu - 1.2\sigma$ より小か，$\mu + 1.2\sigma$ より大

(3) $\mu - 1.5\sigma$ 以上

である割合を求めよ． ［答．(1) 0.9544, (2) 0.2302, (3) 0.9332］

3. 前問で

(1) $\mu - a\sigma$ から $\mu + a\sigma$ の間にある割合が 75 %,

(2) $\mu - a\sigma$ より小である割合が 22 %,

であるとき，a の値を求めよ． ［答．(1) $a=1.15$, (2) $a=0.77$］

4. ある工場で作る鋼線の直径は平均 0.25 cm，標準偏差 0.00025 cm の正規分布に従っている．直径が 0.2495 cm から 0.2505 cm の間にある鋼線の割合は何％か． ［答．95.44％］

5. ある地域の年間降雨量は $\mu=1270$ mm，$\sigma=101.6$ mm の正規分布に従うという．年間降雨量が 1016 mm を越える年が，今年も入れて 11 年以上先になる確率を求めよ． ［答．$(0.994)^{10}$］

6. 成型機で作ったプラスチックス板 150 枚について，破壊強度を測定したところ，次のデータが得られた．強度とは衝撃値のことで，単位は kg-cm/cm^2 である．

階級値	中央値	度数	累積度数
15.5－20.5	18	4	4
20.5－25.5	23	11	15
25.5－30.5	28	26	41
30.5－35.5	33	40	81
35.5－40.5	38	25	106
40.5－45.5	43	12	118
45.5－50.5	48	10	128
50.5－55.5	53	12	140
55.5－60.5	58	4	144
60.5－65.5	63	1	145
65.5－70.5	68	5	150

このデータを正規確率紙にプロットし，正規分布と見なせるか，判定せよ．
　　　［答．正規分布と見なせない］

〈寸言1〉 連続と不連続

確率変数の分布には連続な (continuos) 分布と不連続な (discontinous) 分布がある．連続な分布として正規分布，指数分布，今後出てくる x^2 分布，t 分布，F 分布などがある．これに対し離散的 (discrete) で不連続な分布として二項分布，ポアッソン分布などがある．これらの分布は数え得る不連続な点を除いて微分ができる．従って確率分布に対応して確率分布関数が考えられる．それは $F(a)=Pr(X<a)$ となる実数 a の関数である．（連続だが到るところ微分ができないような病的な関数は除く．）

次に，証明が複雑なので省略したが，二項分布の極限として正規分布が導かれる．さらに，第六章で説明する中心極限定理であるが，互いに独立な同じ n 個の分布の和を考え，$n\to\infty$ とすると，極限分布として正規分布が出てくる．このことは二項分布でなくても，標本を多くとる程，標本分布は正規分布に近づき，母数の正確な推定ができるのも，この原理に基づいている．また，この収束は，確率論では法則収束 (convergence in law) といわれる．二項分布の極限としてポアッソン分布が得られるのも，法則収束である．収束には法則収束より強い大数の弱収束や強収束がある．

〈寸言2〉 最大・最小問題

与えられた条件のもとで最大値や最小値を求めることは，日常生活でよくある．最小二乗法では，データの並んでいる方向に串刺しにして，各データとの距離が最小になるように串の勾配を決めていく．経営問題では，経費・時間の限られた中で最大利益をあげるには，どの製品をどのように製造していくかを探求する線形計画法がある．また，この本で扱っているネイマン・ピアソン流の推定や検定では，必ず相反する2種の誤差 α, β があり，互いにシーソーの関係にあるため，β を固定してできるだけ α を小さくする方式を採用する．

これらは数学的に有界，有限次元の中では必ず最大・最小の実数値が存在するとワイヤストラス (K.T. Wilhelm Weierstrass; 1815. 10. 31-1897. 2.

19)が保証しているので，安心して解が求められる．しかし，解が実数値でなくて，関数になることもある．A地点からB地点まで玉を降下させるのに，最も早く降下する線は直線ではなくてサイクロイド曲線になる．また，金魚掬いのような枠に石鹸幕を張れば最小曲面になろうとして，懸垂面が張られるが，これらは解が関数になる変分問題といわれる．

第六章　大数の法則と中心極限定理

1. 期待値の性質

確率変数 X に対し，離散的確率分布

X	$x_1, x_2, \cdots x_n$	計
P	$p_1, p_2, \cdots p_n$	1

ならば，X の期待値 $E(X)$ は
$$E(X) = \sum_{i=1}^{n} x_i p_i$$
で定義されることは先に述べた．

> X を1次変換した新しい確率変数 $aX+b$ に対して
> $$E(aX+b) = aE(X) + b \tag{1}$$

が成り立つことは(**問題 2**)の演習から分かる．

次に，赤白黒の同型同大同質の玉の入った壺から1玉を抽出し，赤が出れば0点，白が出れば1点，黒が出れば2点を得る第一ゲームがある．また銭投げで表が出ると1点，裏が出ると2点を得る第二ゲームがある．確率分布として

X	0	1	2	計
P	1/3	1/3	1/3	1

Y	1	2	計
P	1/2	1/2	1

を得る．計算すると
$$E(X) = 0 \times 1/3 + 1 \times 1/3 + 2 \times 1/3 = 1,$$
$$E(Y) = 1 \times 1/2 + 2 \times 1/2 = 3/2,$$
そのとき，上の2つの確率分布表から

第六章　大数の法則と中心極限定理

$X+Y$	1	2	3	4	計
P	1/6	1/6+1/6	1/6+1/6	1/6	1

を得る．それで

$$E(X+Y) = 1\times 1/6 + 2\times 1/3 + 3\times 1/3 + 4\times 1/6 = (1+4+6+4)/6$$
$$= 15/6$$
$$= 2.5 = E(X) + E(Y)$$

である．つまり

> 確率変数 X, Y の和の期待値は，それぞれの期待値の和に等しい；
> $$E(X+Y) = E(X) + E(Y) \tag{2}$$

（証明）

X	a_1	a_2	$a_3\cdots$	計
P	p_1	p_2	$p_3\cdots$	1

と、

Y	b_1	b_2	$b_3\cdots$	計
P	q_1	q_2	$q_3\cdots$	1

において，$X=a_n$, $Y=b_k$ となる確率を p_{nk} とする．すると

$$E(X+Y) = \sum_{n=1}^{\infty}\sum_{k=1}^{\infty}(a_n+b_k)p_{nk}$$
$$= \sum_{n=1}^{\infty} a_n \left(\sum_{k=1}^{\infty} p_{nk}\right) + \sum_{k=1}^{\infty} b_k \left(\sum_{n=1}^{\infty} p_{nk}\right)$$
$$= \sum_{n=1}^{\infty} a_n p_n + \sum_{k=1}^{\infty} b_k q_k = E(X) + E(Y).$$

このことを一般化して

> 確率変数 $X_1, X_2, \cdots, X_n$ の和の期待値は，それぞれの期待値の和；つまり
> $$E(X_1+X_2+\cdots+X_n) = E(X_1) + E(X_2) + \cdots + E(X_n). \tag{3}$$

また

1. 期待値の性質

$a_1, a_2, \cdots, a_n$ を任意の定数とすると
$$E(a_1 X_1 + \cdots + a_n X_n) = a_1 E(X_1) + \cdots + a_n E(X_n). \tag{4}$$

特に $X_1, X_2, \cdots, X_n$ がすべて期待値 m の同じ分布に従うとき

$$E\left(\frac{X_1 + X_2 + \cdots + X_n}{n}\right) = \frac{E(X_1) + E(X_2) + \cdots + E(X_n)}{n}$$
$$= nm/n = m$$

となる.

次に, 先の玉の抽出と銭投げの例で, 確率変数の積 XY の確率分布を求めてみよう.

XY	0	1	2	4	計
P	1/3	1/6	1/3	1/6	1

となる. なぜなら, $XY = 0$ となる対 (X, Y) は $(0, 1)$, $(0, 2)$ であるから

$$Pr(XY = 0) = 1/3 \times 1/2 + 1/3 \times 1/2 = 1/3$$

となり, 他も同様に計算できる.

$$E(XY) = 0 \times 1/3 + 1 \times 1/6 + 2 \times 1/3 + 4 \times 1/6 = 9/6$$
$$= 1.5 = 1 \times 1.5 = E(X) E(Y)$$

となる.

(**例1**) イギリス人 12 人の身長 X と体重 Y を測定した. 結果は次の通りだった.

身長(インチ)	70 63 72 60 66 70 74 65 62 67 65 68
体重(ポンド)	155 150 180 135 156 168 178 160 132 145 139 152

身長も体重も一様に 1/12 の確率で分布していると考えると

$E(X) = 802/12 = 66.83, \quad E(Y) = 1850/12 = 154.17,$
$E(XY) = 124258/12 = 10354.83,$

一方,

$E(X)E(Y) = 10303.18$;
したがって
$$E(XY) \neq E(X)E(Y)$$
この例は1人の人間の身長と体重は相互に関連し合っていて，独立したものではないことを示している．

そこで

> 確率変数 X, Y が独立ならば　　$E(XY) = E(X)E(Y)$． 　　(5)

であることが証明できる．なぜなら
$$E(XY) = \sum_{k=1}^{\infty} \sum_{n=1}^{\infty} q_k b_n p_k q_n$$
$$= (\sum_{k=1}^{\infty} q_k p_k)(\sum_{n=1}^{\infty} b_n q_n) = E(X)E(Y)$$

となるから．

一般的に

> 確率変数 $X_1, X_2, \cdots, X_n$ が独立ならば
> $$E(X_1 X_2 \cdots X_n) = E(X_1)E(X_2)\cdots E(X_n).$$ 　　(6)

2. 分散の性質

$E(X) = \bar{x}$ とおく．確率変数 X の分散 $V(X)$ は
$$V(X) = \sum (x_i - \bar{x})^2 p_i = \sum (x_i^2 - \bar{x}^2) p_i$$
$$= E(X^2) - E^2(X)$$
で定義されることは第二章で知った．さらに X に1次変換を施した $aX + b$ の分散は
$$V(aX + b) = a^2 V(X)$$
であることは(**問題**2)の演習から分かる．

1節で例示した玉の抽出と銭投げの例では

2. 分散の性質

$$V(X) = (0^2 + 1^2 + 2^2)/3 - 1^2 = 2/3,$$
$$V(Y) = (1^2 + 2^2)/2 - (3/2)^2 = 1/4,$$
$$V(X+Y) = (1^2 \times 1/6 + 2^2 \times 1/3 + 3^2 \times 1/3 + 4^2 \times 1/6) - (5/2)^2$$
$$= 43/6 - 75/12 = 11/12 = 2/3 + 1/4 = V(X) + V(Y)$$

となる．このことから類推して

> 確率変数 X, Y が独立なとき，$X+Y$ の分散は X, Y の分散の和に等しい；
> $$V(X+Y) = V(X) + V(Y) \tag{7}$$

なぜなら，$E(X) = \bar{x}$, $E(Y) = \bar{y}$ とおくと
$$V(X+Y) = E[X+Y-(\bar{x}+\bar{y})]^2$$
$$= E[(X-\bar{x})+(Y-\bar{y})]^2$$
$$= E(X-\bar{x})^2 + E(Y-\bar{y})^2 + 2E[(X-\bar{x})(Y-\bar{y})]$$
$$= V(X) + V(Y) + 2E[(X-\bar{x})(Y-\bar{y})]$$

しかるに X, Y は独立だから
$$E[(X-\bar{x})(Y-\bar{y})] = E(XY - \bar{x}Y - \bar{y}X + \bar{x}\bar{y})$$
$$= E(XY) - \bar{x}E(Y) - \bar{y}E(X) + \bar{x}\bar{y}$$
$$= E(X)E(Y) - \bar{x}\bar{y} = \bar{x}\bar{y} - \bar{x}\bar{y} = 0,$$
$$\therefore \quad V(X+Y) = V(X) + V(Y).$$

一般的に

> 確率変数 $X_1, X_2, \cdots, X_n$ が互いに独立であるとき
> $$V(X_1 + X_2 + \cdots + X_n) = V(X_1) + V(X_2) + \cdots + V(X_n) \tag{8}$$

が成立する．また

> $a_1, a_2, \cdots, a_n$ が定数で，$X_1, X_2, \cdots, X_n$ が互いに独立であるならば
> $$V(a_1 X_1 + a_2 X_2 + \cdots + a_n X_n)$$
> $$= a_1^2 V(X_1) + a_2^2 V(X_2) + \cdots + a_n^2 V(X_n). \tag{9}$$

特に $X_1, X_2, \cdots, X_n$ が互いに独立で，分散 σ^2 の同じ分布に従うとき

$$V(X) = \left(\frac{X_1+X_2+\cdots+X_n}{n}\right) = \frac{V(X_1)+V(X_2)+\cdots+V(X_n)}{n^2}$$
$$= n\sigma^2/n^2 = \sigma^2/n.$$

(**例3**) n 回の独立試行における事象 A の生起回数を X で表そう．第 k 回目の試行（$k=1,2,\cdots,n$）で事象 A が起こる確率を p_k，事象 A の起こる度数を X_k で表そう．明らかに，X_k は 0 か 1 の値だけしか取らない確率変数であり，

$$Pr(X_k=1)=p_k, \quad Pr(X_k=0)=q_k=1-p_k,$$

である．従って

$$X=X_1+X_2+\cdots+X_n,$$
$$E(X_k)=0\cdot q_k+1\cdot p_k=p_k,$$
$$V(X_k)=0^2\cdot q_k+1^2\cdot p_k-p_k^2=p_k(1-p_k)=p_kq_k,$$

だから

$$E(X)=\sum E(X_k)=p_1+p_2+\cdots+p_n,$$
$$V(X)=\sum V(X_k)=p_1q_1+p_2q_2+\cdots+p_nq_n$$

となる．ベルヌイ試行の場合，$p_k=p$，（$k=1,2,\cdots,n$）だから

$$E(X)=np, \quad V(X)=npq, \quad \text{ただし } q=1-p$$

となる．さらに

$$E\left(\frac{X}{n}\right)=p, \qquad V\left(\frac{X}{n}\right)=\frac{pq}{n}$$

が得られる．

3. 大数の弱法則

確率変数 X の平均と分散が $E(X)=\mu$，$V(X)=\sigma^2$ と与えられている．任意の正数 λ に対して

$$Pr(|X-\mu|>\lambda\sigma)\leq 1/\lambda^2,$$
$$Pr(|X-\mu|\leq\lambda\sigma)>1-1/\lambda^2,$$

3. 大数の弱法則

> が成り立つ．（チェビシェフの不等式）

離散型確率分布に対して
$$V(X) = \sum (x_i-\mu)^2 p_i$$
$$= \sum_1 (x_i-\mu)^2 p_i + \sum_2 (x_i-\mu)^2 p_i$$
$$\geq \lambda^2 \sigma^2 \sum_2 p_i = \lambda^2 \sigma^2 Pr(|X-\mu|>\lambda\sigma), \qquad (*)$$

ここで記号 $\sum_1$ は $|x_i-\mu|>\lambda\sigma$ を満たすすべての i についての加算，$\sum_2$ は $|x_i-\mu|\leq\lambda\sigma$ を満たすすべての i についての加算を表す．上の不等式(*)を分散 $V(X)=\sigma^2$ で割ると，$Pr(|X-\mu|>\lambda\sigma)\leq 1/\lambda^2$ を得る．この確率の余事象の確率を取ると，もう一つの不等式を得る．

この不等式は連続型確率分布の場合にも成立する．証明は加算記号 $\sum$ の代わりに積分記号 $\int$ を用いればよい．

(例4) 確率変数 $X_1, X_2, \cdots, X_n$ が互いに独立で，すべて $N(\mu, \sigma^2)$ に従うとき
$$n\bar{X} = X_1 + X_2 + \cdots + X_n$$
とおくと
$$E(\bar{X}) = \mu, \quad V(\bar{X}) = \sigma^2/n$$
である．

> 確率変数 $X_1, X_2, \cdots, X_n$ が互いに独立で，
> $$E(X_1) = E(X_2) = \cdots = E(X_n) = \mu,$$
> $$V(X_1) = V(X_2) = \cdots = V(X_n) = \sigma^2,$$
> ならば
> $$Pr(|\bar{X}-\mu|>\varepsilon) \leq \sigma^2/n\varepsilon^2 \qquad \textbf{（大数の弱法則）}$$

(証明) (例4)から $E(\bar{X})=\mu$, $V(\bar{X})=\sigma^2/n$ だから，チェビシェフの不等式において
$$\varepsilon = \frac{\lambda\sigma}{\sqrt{n}}$$
とおくと

$$\frac{1}{\lambda^2} = \frac{\sigma^2}{n\varepsilon^2}$$

なって，求める不等式を得る．

(**例5**) ある法案に日本国民が賛成か否か推測したい．全員を調査する時間も費用もないので，n 人を抽出して賛否を問う．1人の人の答は賛成なら1，反対なら0とすれば，これは n 回のベルヌイ試行で，1回の試行では実現値が1か0に相当する．k 人の賛成があったとする．標本の賛成率は k/n である．$E(X_i) = p$ とすると，チェビシェフの不等式より

$$Pr\left(\left|\frac{k}{n} - p\right| > \varepsilon\right) \leq pq/n\varepsilon^2$$

となる．n（調査人数）が大きくなると，誤差が ε 以上になる確率は非常に小さくなることを表している．大数の法則と言われる所以である．

4．中心極限定理

1920年代，工場での品質管理に関する理論を工員たちにいかに分かりやすく教えるかに腐心していたのは，ベル電話研究所の統計学者**シューハート**（W.A. Shewhart; 1891-1967）だった．彼は同型同大同質の小さなチップ（chip）の集まりを作った．第一の集団は，-3.0 から $+3.0$ まで 0.1 刻みの数を各々のチップに書き込み，同じ数字のチップは2枚ずつ，計62枚のチップが用意された．これらのチップを壺の中に入れる．これが母集団で，チ

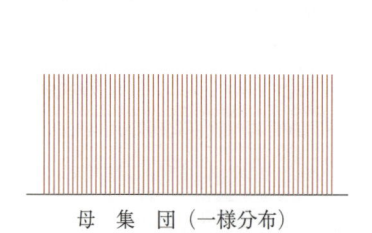

図1 一様分布から抽出した標本平均1000個の分布（点は実測、線は正規分布）

ップに書かれた数字は，母平均 $\mu=0$，母分散 $\sigma^2=3.1$ の一様分布に従う．これが母分布に相当する．母分布の状態は（図1）の左側に示されている．この壺から無作為に4枚のチップを抽出し，チップの数字を記録して後，戻す．このような抽出実験を1000回繰り返す．記録された1000組の各標本の平均を取る．その標本平均1000個の実際分布をプロットしたものが，（図1）の右側に出ている．標本平均の分布は正規分布に極めてよく適合している．

さらにもう一つの例を挙げよう．-1.3 から $+2.6$ まで 0.1 刻みの数を各々のチップに書き込んだチップがある．-1.3 と記したチップは 40 枚，-1.2 と記したチップは 39 枚，-1.1 と記したチップは 38 枚と，0.1 数字が大きくなるごとに1枚ずつチップの枚数を減らして行く．それで数 0 のチップは 27 枚，…数 1.0 のチップは 17 枚，数 2.0 のチップは 7 枚，数 2.6 のチップは 1 枚となる．これらのチップ 840 枚を壺の中に入れる．これが母集団で，チップに書かれた数字は，母平均 0，母分散 $\sigma^2=0.91$ の直角三角形型分布に従う．この壺から無作為に4枚のチップを抽出し，チップの数字を記録して後，戻す．このような実験を1000回繰り返す．記録された1000組の各標本の平均を取る．その標本平均1000個の実際分布をプロットしたものが，（図2）の右側に出ている．（図2）の左側の母分布の形状と違い，標本平均の分布は正規分布に極めてよく適合している．

さらに2つの標本平均の分布は，正規分布に近いのみならず，分布範囲が

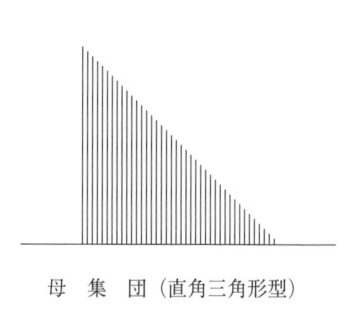

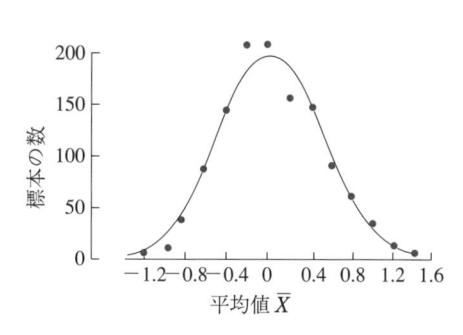

母 集 団（直角三角形型）

図2 直角三角形型分布から抽出した標本平均1000個の分布（点は実測、線は正規分布）

母集団の分布範囲よりも小さくなっている．
　このことを一般化したら

> 必ずしも正規型とは限らない母集団分布の母平均を μ，母分散を σ^2 とする．この母集団から大きさ n の標本をとり，その平均 $\bar{X}$ について，
> $$Z = \frac{\bar{X}-\mu}{\sigma/\sqrt{n}}$$
> とおくと，Z の確率分布は，n を十分大きくしていくと，標準正規分布 $N(0,1)$ に近づく．(**中心極限定理**)

(**例 6**) 標準偏差 $\sigma=15$ の正規分布である母集団の平均を推定するため，大きさ $n=36$ の無作為抽出した標本の平均を推定値として使うことにする．
(a) チェビシェフの不等式を使い，
(b) 中心極限定理を使い，
推定誤差が 7.5 未満である確率を求めよ．
(解)(a) $pr(|\bar{X}-\mu|\leqq\varepsilon)\geqq 1-\sigma^2/n\varepsilon^2$ において，$\varepsilon=7.5$，$n=36$，$\sigma=15$ とおくと，$Pr(|\bar{X}-\mu|\leqq 7.5)\geqq 1-15^2/(36\times 7.5^2)=8/9=0.8889$．
(b) $|X-\mu|/(15/\sqrt{36})$ は $N(0,1)$ に従うから，
$$Pr\left(\frac{|X-\mu|}{15/6}\leqq\frac{7.5}{15/6}\right)=Pr\left(\frac{|X-\mu|}{15/6}\leqq 3\right)$$
$$\fallingdotseq \frac{1}{\sqrt{2\pi}}\int_{-3}^{+3}\exp\left(-\frac{t^2}{2}\right)dt$$
$$=2\times 0.4987=0.9974.$$

　中心極限定理 (central limit theorem) は 1809 年ラプラス (Pierre Simon de Laplace；1749–1827) によって発見された．

5. 共分散と相関係数

(**例 1**) の身長と体重のデータでは $E(XY)\neq E(X)E(Y)$ となって，X と Y は独立ではなかった．このときの $X+Y$ の分散は
$$V(X+Y)=E\{X+Y-E(X+Y)\}^2$$

5. 共分散と相関係数

$$= E\{X-\bar{X}+Y-\bar{Y}\}^2$$
$$= E(X-\bar{X})^2+E(Y-\bar{Y})^2+2E\{(X-\bar{X})(Y-\bar{Y})\}$$
$$= V(X)+V(Y)+2[E(XY-\bar{X}Y-\bar{X}Y+\bar{X}\bar{Y})]$$
$$= V(X)+V(Y)+2[E(XY)-\bar{X}\bar{Y}]$$

となる.

$$E\{(X-\bar{X})(Y-\bar{Y})\} \equiv \mathrm{cov}(X,Y) \tag{10}$$

を**共分散** (covariance) という.共分散の簡便計算法は

$$\mathrm{cov}(X,Y) = E(XY) - \bar{X}\bar{Y} \tag{11}$$

である.(例 1) では $\mathrm{cov}(X,Y) = 10354.83 - 10303.18 = 51.65$ と計算される.

ここで

$$r(X,Y) = \frac{\mathrm{cov}(X,Y)}{\sqrt{V(X)V(Y)}} \tag{12}$$

を $X,\ Y$ の**相関係数** (correlation coefficient) という.

(例 1) では

$$V(X) = 15.973,\quad V(Y) = 221.64,\quad V(X)V(Y) = 3540.25572,$$
$$r(X,Y) = 51.65/59.5 = 0.868$$

となる.

1930 年代,分散や共分散の計算や表現に線形代数の記法を使用し始めたのは,エジンバラ大学の**エイトケン** (A.C. Aitken, 1895-1967) だった.

データが次のように与えられているとする:

X	$x_1\ \ x_2\ \cdots x_n$
Y	$y_1\ \ y_2\ \cdots y_n$

2 行 n 列の行列を

$$X = \begin{pmatrix} 1 & x_1 \\ 1 & x_2 \\ \vdots & \vdots \\ \vdots & \vdots \\ 1 & x_n \end{pmatrix}, \quad Y = \begin{pmatrix} 1 & y_1 \\ 1 & y_2 \\ \vdots & \vdots \\ \vdots & \vdots \\ 1 & y_n \end{pmatrix}$$

とする．X の転置行列を

$$X^t = \begin{pmatrix} 1 & 1 & \cdots & 1 \\ x_1 & x_2 & \cdots & x_n \end{pmatrix}$$

と書く．

$$X^t X = \begin{pmatrix} 1 & 1 & \cdots & 1 \\ x_1 & x_2 & \cdots & x_n \end{pmatrix} \begin{pmatrix} 1 & x_1 \\ 1 & x_2 \\ \vdots & \vdots \\ \vdots & \vdots \\ 1 & x_n \end{pmatrix} = \begin{pmatrix} n & \sum x_i \\ \sum x_i & \sum x_i^2 \end{pmatrix}$$

行列の積 $X^t X$ の行列式をとると

$$|X^t X| = n \sum x_i^2 - (\sum x_i)^2 = n^2 V(X),$$

同様にして

$$|Y^t Y| = n^2 V(Y),$$

さらに $X^t Y$ を計算すると

$$X^t Y = \begin{pmatrix} n & \sum y_i \\ \sum x_i & \sum x_i y_i \end{pmatrix}$$

この行列の行列式をとると

$$|X^t Y| = n(\sum x_i y_i) - (\sum x_i)(\sum y_i) = n^2 \mathrm{cov}(X, Y)$$

となる．すると

$$r(X, Y) = \frac{|X^t Y|}{\sqrt{|X^t X||Y^t Y|}}$$

と書き表される．

> 相関係数に関しては
> $$-1 \leqq r(X, Y) \leqq +1$$
> が成立する．

なぜならば

5. 共分散と相関係数

$x_i - E(X) = X_i, \quad y_i - E(Y) = Y_i \quad (i=1,2,\cdots,n)$

とおく.

$$\sum_{i=1}^{n}(X_i t - Y_i)^2 = (\sum X_i^2) t^2 - 2(\sum X_i Y_i) t + \sum Y_i^2 \geq 0$$

上式がすべての実数 t に対して正または 0 であるためには，$\sum X_i^2 > 0$ だから

判別式 $= (\sum X_i Y_i)^2 - (\sum X_i^2)(\sum Y_i^2) \leq 0$

∴ $(\sum X_i Y_i)^2 \leq (\sum X_i^2)(\sum Y_i^2)$

上式の両辺はすべて正であるから，両辺を正の右辺で割ると

$$\frac{(\sum X_i Y_i)^2}{(\sum X_i^2)(\sum Y_i^2)} \leq 1,$$

それで

$$\frac{[\mathrm{cov}(X,Y)]^2}{V(X)V(Y)} \leq 1,$$

∴ $[r(X,Y)]^2 \leq 1,$

$-1 \leq r(X,Y) \leq +1$

(例 7) 年令と血圧の間に相関関係はあるか．データは次の通りである：

年令 X (才)	35	45	55	65	75
血圧 Y (mmHg)	114	124	143	158	166

$X^t X = \begin{pmatrix} 5 & 275 \\ 275 & 16125 \end{pmatrix} \quad Y^t Y = \begin{pmatrix} 5 & 705 \\ 705 & 101341 \end{pmatrix}$

$X^t Y = \begin{pmatrix} 5 & 705 \\ 275 & 40155 \end{pmatrix}$

$|X^t X| = 80625 - 75625 = 5000, \quad |Y^t Y| = 506705 - 497025 = 9680$

$|X^t Y| = 200775 - 193875 = 6900$

$r(X,Y) = 6900/\sqrt{5000 \times 9680} = 0.9918.$

2 変量 X，Y に対し，経験的に $|r|>0.5$ なら相関があり，$|r|<0.3$ なら相関がない，それ以外は相関の有無は不明とする．年令と血圧の間には相関がある．

次に，X と Y の間にある関係，例えば1次関数 $Y = \alpha + \beta X$ で表されるような関係が認められるとすれば，α, β はどんな値になるか，求めてみよう．

X, Y にデータを代入し

   誤差 $\varepsilon_i = y_i - \alpha - \beta x_i$

の平方の和が最小になるように α, β を求めればよい．つまり

$$M = \sum_{i=1}^{n} \varepsilon_i^2 = \sum_{i=1}^{n} (y_i - \alpha - \beta x_i)^2$$

を最小にする α, β は

$$\frac{\partial M}{\partial \alpha} = -2\sum_{i=1}^{n}(y_i - \alpha - \beta x_i) = 0$$

$$\frac{\partial M}{\partial \beta} = -2\sum_{i=1}^{n}x_i(y_i - \alpha - \beta x_i) = 0$$

を満たす α, β を求めればよい．整理すると連立方程式

$$\alpha n + \beta \sum x_i = \sum y_i$$

$$\alpha \sum x_i + \beta \sum x_i^2 = \sum x_i y_i$$

を解けばよい．行列で表現すると

$$\begin{pmatrix} n & \sum x_i \\ \sum x_i & \sum x_i^2 \end{pmatrix} \begin{pmatrix} \alpha \\ \beta \end{pmatrix} = \begin{pmatrix} \sum y_i \\ \sum x_i y_i \end{pmatrix}$$

ここで

$$\boldsymbol{a} = \begin{pmatrix} \alpha \\ \beta \end{pmatrix}, \quad \boldsymbol{y} = \begin{pmatrix} y_1 \\ y_2 \\ \vdots \\ y_n \end{pmatrix}$$

とおくと

$$(X^t X) \boldsymbol{a} = X^t \boldsymbol{y}$$

左側から $(X^t X)^{-1}$ を掛けると

$$\boldsymbol{a} = (X^t X)^{-1} X^t \boldsymbol{y} \tag{13}$$

が得られる．

(例8) (例1) のデータに $Y = \alpha + \beta X$ を当てはめてみよう．

5. 共分散と相関係数

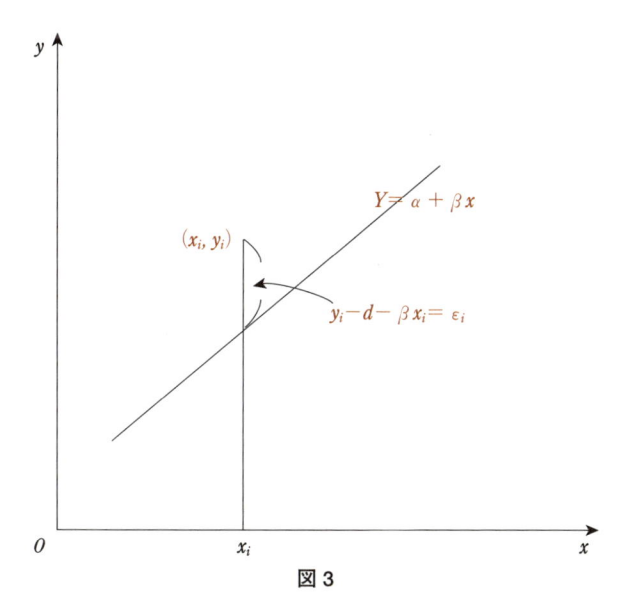

図の中のラベル: $Y = \alpha + \beta x$, (x_i, y_i), $y_i - d - \beta x_i = \varepsilon_i$, x_i

図3

X	Y	X^2	XY	$Y = \alpha + \beta X$
70	155	4900	10850	164.374
63	150	3969	9450	141.862
72	180	5184	12960	170.806
60	135	3600	8100	132.214
66	156	4356	10296	151.510
70	168	4900	11760	164.374
74	178	5476	13172	177.238
65	160	4225	10400	148.294
62	132	3844	8184	138.646
67	145	4489	9715	154.726
65	139	4225	9035	148.294
68	152	4624	10336	157.942
802	1850	53792	124258	

$$X^t X = \begin{pmatrix} 12 & 802 \\ 804 & 53792 \end{pmatrix}, \quad X^t \boldsymbol{y} = \begin{pmatrix} 1850 \\ 124258 \end{pmatrix},$$

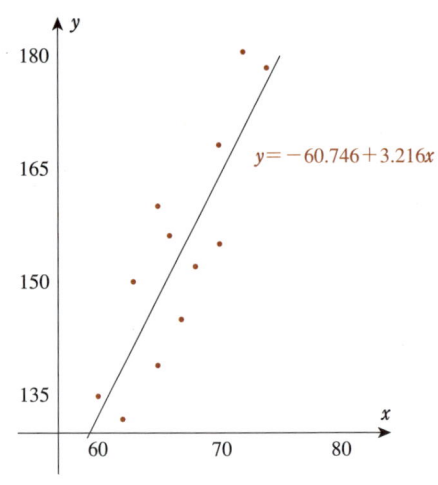

図4 (例1) の散布図と回帰直線

$$|X^tX|=2300,$$
$$(X^tX)^{-1}(X^t y)=\frac{1}{2300}\begin{pmatrix}-139716\\7396\end{pmatrix}=\begin{pmatrix}-60.746\\3.216\end{pmatrix}$$

それで
$$Y=-60.746+3.216X,$$
X のデータを上式に代入した値は前頁の表の右欄に示してある．この直線式を**回帰直線** (regression line) の式，X の係数を**回帰係数**という．右の (図4) はデータの散布状態を示し，かつ回帰直線を示している．(図4) を**散布図** (scatter diagram) という．

相関係数についての留意点

①相関係数 $r(X,Y)$ は変量 X と Y の直線関係への依存の強さを表している．回帰直線は一方の変量 X でもって他方の変量 Y を1次式で予測するという観点でみれば，X に対する Y の推定値を決める．しかもその推定値は最小二乗法により，誤差が最小になるように工夫されている．

②散布図で点の散らばりがやや直線上に並んでいる場合の相関係数は $+1$ か -1 である．点の散らばりが円形に近ければ，相関係数は0で無相関と考

えられる．なお，曲線上の相関係数も考えられるが，本書の程度を超えるので省略する．

③時間的制約や調査費用の関係で，変量に上限や下限を設けることがあり，データは全体の縮約ではなくても相関係数を求めることがある．そのとき，データが「切断」されたことを考慮して解釈しなければならない．また極端な「外れ値」があれば相関係数の値に大きく影響する．

④分割，層別でみた相関係数．例えば（図5）は児童施設で職員と子供の対話時間と子供の明るさの相関を示す．全体で見れば，無相関に近いが職員を男女別に分けると，各々相関がある．（図6）は子供の体重と読解力の相関を示す．年令ごとには無相関に近いが，全体では相関が出てくる．しかし，この相関は因果関係がうすい．

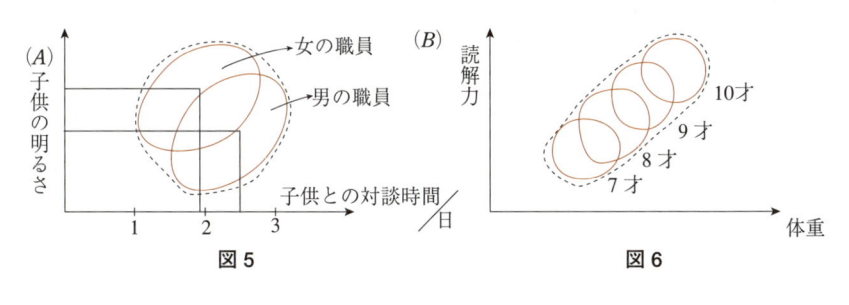

⑤　都市圏で人口が急増する　─　老人ホームが増える
　　　　　　　　　　　　　　　─　居酒屋が増える

これらの現象は当然の成り行きであり，老人ホームの数と居酒屋の数の間には正の相関が現れるが，因果関係を考えることはできない．単なる数量上の関係にとどまる．このような相関を**見かけ上の疑似相関**という．

問　題　6

1. 確率変数 X に対し

$$Y = \frac{X - E(X)}{\sqrt{V(X)}}$$

とおくと，$E(Y) = 0, V(X) = 1$ となることを示せ．

2. X，Y が独立ならば，$V(X-Y) = V(X) + V(Y)$ であることを示せ．

3. 離散的確率分布に対し，公式(8)を証明せよ．

4. もしも微積分の知識をもっているなら，公式(6), (8)は連続的確率分布に対しても成立することを証明せよ．

5. 確率変数 X に対して，$E(X) = \mu$，$V(X) = \sigma^2$ と仮定する．新しい確率変数 Z は $Z = (X-\mu)/\sigma$ で定義する．$Pr(|Z| \leq \varepsilon) > p$ となる最小の ε の値を求めよ．$p = 0.5, 0.9, 0.95$ とする．

[答．$\varepsilon = 1.414$, 1.054, 1.026]

6. 数 6, 7, 8, 9, 10, 11 のついたチップがある．このチップの数の平均と分散を求めよ．これらのチップから 2 つのチップを抽出する．理論的に何個の標本が得られるか．これらの標本の平均の度数分布を求めよ．そして標本平均分布の平均と分散と，母集団の平均と分散との関係を求めよ．

[答．$\mu = 8.5$, $\sigma^2 = 35/2$; $E(X) = 8$, $V(X) = 35/30 = \sigma^2/15$]

7. 天文台で一人の天文学者がある星までの距離（d 光年）を測定しようと思っている．彼は自分の測定技術には自信をもっているが，測定値は大気の状態の変化や測定誤差のため，正確なものではないことは十分承知している．それで何回か測定し，その平均を推定値とするつもりでいる．測定値は共通の分散 4 をもつ独立な同じ分布に従う確率変数であるなら，真の距離と推定値の誤差が ± 0.5 光年以内である確率を 95％ としたい．彼は何回測定すれば良いか．

[答．62 回]

8. 2 つの確率変数 X，Y の間に 1 次関数 $Y = aX + b$ の関係がある．そのとき，X と Y の相関係数 $r(X, Y)$ はいくらになるか． [答．1]

9. 2 変量のデータ (x_i, y_i)，$(i = 1, 2, \cdots, n)$ に対し，回帰直線は

$$Y - \bar{y} = \frac{\text{cov}(X, Y)}{V(X)}(X - \bar{x})$$

$$= \frac{\sqrt{V(Y)}}{V(X)} r(X - \bar{x})$$

で表されることを示せ.

10.

X	10	5	7	19	11	8
Y	15	9	3	25	7	13

で表されるデータに良く当てはまる1次関数 $Y = \alpha + \beta X$ を求めよ.

[答. $Y = 1.267X - 0.667$]

11. 相関係数について正しいのはどれか.
(a) 3変数間の関係を同時に観察できる.
(b) 絶対値が0に近いほど関連は強い.
(c) U字型を呈する現象の観察には役立たない.
(d) 95％信頼区間の推定も可能である.
　　(1) a と b　　(2) a と d　　(3) b と c　　(4) c と d

(保健師, 第88回)

[答. 4.]

12. 因果関係の推定において, 1つの原因が1つの効果をもたらすことを何というか.

　(1) 関連の普遍性　　　　(2) 関連の特異性
　(3) 関連の整合性　　　　(4) 関連の強固性

(保健師, 第85回)

[答. 2.「普遍性」は対象の如何にかかわらず同じ結果をもたらすこと,「整合性」は矛盾がないこと,「強固性」は相対危険度や因果が強いこと.]

第七章　統計的推定

1. 母集団と標本

　日本人男子成人の平均身長は，大正・昭和初期の時代と現代では大きな差異があると言われている．食物の豊かさで身長が伸びたらしい．1945年（昭和20年）までは日本国民は満20才になると徴兵検査があったので，殆ど全数調査に近い形で身長測定が行われた．しかし，現在は全数調査をする機会はない．そこで測定できる可能性のある集団，例えば，ある大学の20才の学生たちの身長測定などの結果から推量する以外に道はない．近代統計学の祖である**カール・ピアソン**（Karl Pearson）は19世紀末のイギリスで，学生と労働者は一見して分かると述べている．大学生は比較的恵まれた家庭に育ち，休暇には自らの責任で鍛練に勤しむので，立派な体格である．一方，労働者は幼くして苛酷な労働環境の中に入れられ，栄養状態も悪く，顔色も優れず，ひ弱く見えるという．現在の我が国ではこのような極端なことはないにしても，比較すべきデータに乏しいから，高校卒の労働者と大学生の体格比較は正確にはできていない．そこで標本調査という手段で，比較する以外に道はない．そのための基礎理論をここで述べる．

　日本人の現在の成人男子の集合 Ω を考え，その要素である個人個人の身長を調べたいとする．身長 X を**数標識**という．身長の場合，その分布状態は第五章（例2）で分かるように正規分布に近い．それで数標識 X は確率変数と考え，ある人の身長が 165.3 cm と測定されたら，X の**実現値**と考える．X は正規分布 $N(\mu,\sigma^2)$ に従うのではないかと考える．この正規分布を**母集団分布**と考え**正規母集団**（normal population）という．母集団分布に含まれる統計的定数が**母数**（parameter）で，正規母集団では μ と σ^2 が母数で，それぞれ**母平均，母分散**といい，

1. 母集団と標本

$$E(X) = \mu, \quad V(X) = \sigma^2$$

と書く．

1回の試行で，ある事象 A が起こる確率を p とする．この試行の集合 Ω も母集団である．Ω に対し

$$X = \begin{cases} 1 & (A \text{ が起こるとき}) \\ 0 & (A \text{ が起こらないとき}) \end{cases}$$

と数標識 X を決めるとき，この母集団を**二項母集団** (binomial population) といい，母数は**母比率** p である．

母集団 Ω から選ばれた n 個の要素の数標識の組 $(x_1, x_2, \cdots, x_n)$ を**大きさ n の標本**という．x_i は X と同じ分布をする独立な確率変数 X_i の実現値と考えられる．それで確率変数の組 $(X_1, X_2, \cdots, X_n)$ を**大きさ n の標本変量**という．確率変数の組 $(X_1, X_2, \cdots, X_n)$ の関数，例えば

$$\textbf{標本平均} \quad \bar{X} = \frac{1}{n}\sum_{i=1}^{n} X_i, \quad \textbf{標本分散} \quad S^2 = \frac{1}{n}\sum_{i=1}^{n}(X_i - \bar{X})^2$$

などを**統計量** (statistic) という．確率変数の実現値の組 $(x_1, x_2, \cdots, x_n)$ の関数，例えば

$$\textbf{平均} \quad \bar{x} = \frac{1}{n}\sum_{i=1}^{n} x_i, \quad \textbf{分散} \quad s^2 = \frac{1}{n}\sum_{i=1}^{n}(x_i - \bar{x})^2$$

は標本平均と標本分散の実現値で**統計値** (a statistic) という．統計量の確率分布を**標本分布** (sample distribution) という．

標本変量 $(X_1, X_2, \cdots, X_n)$ に要請される数学的条件は，X_i それぞれが母集団分布と同じ分布をする独立な確率変数であること；確率変数 X の密度関数を $f(X)$ と書くならば

$$f(X_1, X_2, \cdots, X_n) = f(X_1)f(X_2)\cdots f(X_n)$$

となるような抽出法を**無作為抽出法** (random sampling) という．要するに，確率のメカニズムによって標本が選び出されることを数学的に表現した最も基本的なものである．

(**例1**) 母平均 μ，母分散 σ^2 の母集団 Ω からの標本変量を (X_1, X_2, X_3) とする．そのとき，

(1) $E\{(X_1+X_2+X_3)/3\}=E(X)$, (2) $E(X_1 \cdot X_2 \cdot X_3)$
(3) $V(X_1+X_2+X_3)$ (4) $V(X_1 \cdot X_2)$

を計算せよ．

(解)(1) $E(X)=\dfrac{1}{3}E(X_1+X_2+X_3)=\dfrac{1}{3}\{E(X_1)+E(X_2)+E(X_3)\}$
$=(\mu+\mu+\mu)/3=\mu$

(2) 独立性から $E(X_1 \cdot X_2 \cdot X_3)=E(X_1)E(X_2)E(X_3)=\mu^3$

(3) 独立性から $V(X_1+X_2+X_3)=V(X_1)+V(X_2)+V(X_3)$
$=3V(X)=3\sigma^2$

(4) $V(X_1 \cdot X_2)=E(X_1^2 \cdot X_2^2)-\{E(X_1 \cdot X_2)\}^2$
$=E(X_1^2)E(X_2^2)-E^2(X_1)E^2(X_2)$
$=(\sigma^2+\mu^2)(\sigma^2+\mu^2)-\mu^4=\sigma^2(\sigma^2+2\mu^2)$

2．不偏推定量

母数 θ を知りたい．そのため大きさ n の標本変量 $(X_1,X_2,\cdots,X_n)$ の統計量 $T(X_1,X_2,\cdots,X_n)$ を考える．この関数に，抽出された標本値 $(x_1,x_2,\cdots,x_n)$ を代入した値 $\hat{\theta}=T(x_1,x_2,\cdots,x_n)$ をもって θ の値であると推定する．$\hat{\theta}$ を母数 θ の**推定値** (estimate)，$T(X_1,X_2,\cdots,X_n)$ を θ の**推定量** (estimator) という．ただ一つの値 $\hat{\theta}$ だけで推定するので，この推定を**点推定** (point estimation) という．

抽出された標本の実現値 $(x_1,x_2,\cdots,x_n)$ が異なれば，推定値も異なる．すべての推定値が母数と一致するわけではない．それで，数ある推定値の中で，良い推定値を取れば良い．では

良い推定値とはどんな条件を満たすものか？

条件はいろいろあるが，最初の条件は推定値 $\hat{\theta}=T(x_1,x_2,\cdots,x_n)$ が θ を中心にして分布しているとき，

$$E[T(X_1,X_2,\cdots,X_n)]=\theta \qquad (1)$$

を満たすことである．このとき $T(X_1,X_2,\cdots,X_n)$ は θ の**不偏推定量** (unbiased estimator) という．不偏推定量は良い推定量の一つである．

2. 不偏推定量

$E(\hat{\theta}) \neq \theta$ ならば, $b = E(\hat{\theta}) - \theta$ を θ の**偏り** (bias) という.

(**例** 2) 母平均を μ, 母分散を σ^2 とする母集団からの大きさ n の標本変量を $(X_1, X_2, \cdots, X_n)$ とする. そのとき, 統計量

$$\bar{X} = \frac{1}{n}\sum_{i=1}^{n} X_i, \qquad U^2 = \frac{1}{n-1}\sum_{i=1}^{n}(X_i - \bar{X})^2$$

は不偏推定量であることを示せ.

(解) $X_1, X_2, \cdots, X_n$ は互いに独立な同分布の確率変数だから

$$E(\bar{X}) = \frac{1}{n}[E(X_1) + E(X_2) + \cdots + E(X_n)] = nE(X_1)/n = \mu,$$

$$V(\bar{X}) = \frac{1}{n^2}[V(X_1) + V(X_2) + \cdots + V(X_n)]$$
$$= nV(X_1)/n^2 = \sigma^2/n$$

となる. そこで

$$Y_i = X_i - \mu, \qquad (i=1,2,\cdots,n)$$
$$E(Y_i) = E(X_i) - \mu = \mu - \mu = 0, \qquad V(Y_i) = V(X_i) = \sigma^2$$

である. よって

$$E(\bar{Y}) = \frac{1}{n}E(Y_1 + Y_2 + \cdots + Y_n) = \frac{n}{n}E(Y_1) = 0,$$

$$V(\bar{Y}) = \frac{n}{n^2}V(Y_1) = \frac{1}{n}V(X_1) = \sigma^2/n$$

となる. 次に

$$\sum(X_i - \bar{X})^2 = \sum(Y_i - \bar{Y})^2 = \sum Y_i^2 - n\bar{Y}^2,$$
$$E[\sum(X_i - \bar{X})^2] = \sum E(Y_i^2) - nE(\bar{Y}^2)$$
$$= \sum\{E(Y_i^2) - E^2(Y_i)\} - n\{E(\bar{Y}^2) - E^2(\bar{Y})\}$$
$$= \sum V(Y_i) - nV(\bar{Y})$$
$$= nV(Y_i) - n \times \sigma^2/n$$
$$= (n-1)\sigma^2$$

したがって

$$E(U^2) = \frac{1}{n-1}E[\sum(X_i - \bar{X})^2] = \sigma^2,$$

$$S^2 = \frac{1}{n}\sum(X_i - \bar{X})^2$$

ここで S^2 も U^2 もともに標本分散であるが，S^2 は**不偏でない標本分散**，U^2 は**不偏標本分散**で，標本から母数を推定，検定する際に用いられる．

S^2 と U^2 の関係は

$$nS^2 = (n-1)U^2$$

である．

(**例3**) 母比率 p の二項母集団から抽出された標本変量を $X_1, X_2, \cdots, X_n$ とする．

$$X = \begin{cases} 1 & (事象\ A\ が起こったとき) \\ 0 & (事象\ A\ が起こらなかったとき) \end{cases}$$

と定め，

$$X = X_1 + X_2 + \cdots + X_n$$

とおくと，X は標本中 A が起こる回数を表す．統計量 $\dfrac{X}{n}$ は

$$E\left(\frac{X}{n}\right) = [E(X_1) + E(X_2) + \cdots + E(X_n)]/n$$
$$= (p + p + \cdots + p)/n = p$$
$$V\left(\frac{X}{n}\right) = [V(X_1) + V(X_2) + \cdots + V(X_n)]/n^2$$
$$= (pq + pq + \cdots + pq)/n^2 = pq/n$$

なぜなら，$E(X_i) = 1 \times p + 0 \times (1-p) = p$,
$$V(X_i) = E(X_i^2) - E^2(X_i) = p - p^2 = pq$$

であるから．

3. 有効推定量

推定量 $T(X_1, X_2, \cdots, X_n)$ において，標本の取り方によって生じるバラツキのできるだけ小さいものが，推定量として望ましい．それで

3. 有効推定量

> 母数 θ の不偏推定量の中で，分散が最小になる統計量を**有効推定量** (efficient estimator)

という．

(例4) 母平均 μ，母分散 σ^2 の母集団から，大きさ n の標本 $(X_1, X_2, \cdots, X_n)$ から作った統計量 $Y = a_1 X_1 + a_2 X_2 + \cdots + a_n X_n$ はどんな条件があれば有効統計量になるか．

(解) $E(Y) = a_1 E(X_1) + a_2 E(X_2) + \cdots + a_n E(X_n)$
$\qquad = a_1 \mu + a_2 \mu + \cdots + a_n \mu = \mu$

より，Y が不偏推定量であるためには

$$a_1 + a_2 + \cdots + a_n = 1.$$

また，

$$V(Y) = a_1^2 V(X_1) + a_2^2 V(X_2) + \cdots + a_n^2 V(X_n)$$
$$= (a_1^2 + a_2^2 + \cdots + a_n^2)\sigma^2.$$

シュワルツの不等式より

$$(a_1^2 + a_2^2 + \cdots + a_n^2)(1^2 + 1^2 + \cdots + 1^2)$$
$$\geq (a_1 \cdot 1 + a_2 \cdot 1 + \cdots + a_n \cdot 1)^2 = 1^2 = 1$$
$$\therefore a_1^2 + a_2^2 + \cdots + a_n^2 \geq 1/n.$$

等号は $a_1 = a_2 = \cdots = a_n = 1/n$ のときに成立するから，有効統計量は

$$Y = (X_1 + X_2 + \cdots + X_n)/n = \bar{X}$$

である．

(例5) すべての $\varepsilon > 0$ に対し，$n \to \infty$ のとき，

$$Pr(|T(X_1, X_2, \cdots, X_n) - \theta| > \varepsilon) \to 0$$

が成立するとき，$T(X_1, X_2, \cdots, X_n)$ を θ の**一致推定量** (contistent estimator) という．母平均 μ の不偏推定量 $\bar{X}$ は

$$E(\bar{X}) = \mu, \qquad V(\bar{X}) = \sigma^2/n$$

だから，チェビシェフの不等式により，$n \to \infty$ のとき

$$Pr(|\bar{X} - \mu| > \varepsilon) \leq \sigma^2/n\varepsilon^2 \to 0$$

となるから，$\bar{X}$ は一致推定量である．ここでは正規母集団という仮定は必

要でない．

　以上の例から，標本平均は推定量としては多くの良い性質を持ち合わせていることが分かるだろう．しかし，標本平均の値だけで母平均の見当をつける**点推定**（point estimation）と称せられる推定の仕方は，外れやすい．その欠点を補うのが次の節からの推定法である．

4. 区間推定（その1）

　母数 θ をもつ母集団から取った大きさ n の標本変量の2つの統計量 $T_1(X_1,X_2,\cdots,X_n)$，$T_2(X_1,X_2,\cdots,X_n)$ を作り，それらが

$$T_1(X_1,X_2,\cdots,X_n) < T_2(X_1,X_2,\cdots,X_n)$$

かつ，多数の標本値をこれらの統計量に代入したときの分布が（図1）のようになるだろう．このとき，極めて小さな実数 α に対し

$$Pr\{T_1(X_1,X_2,\cdots,X_n) < \theta < T_2(X_1,X_2,\cdots,X_n)\} = 1-\alpha$$

とすることができるとき，大きさ n の標本値 $(x_1,x_2,\cdots,x_n)$ を取り出して，$T_1(x_1,x_2,\cdots,x_n)$，$T_2(x_1,x_2,\cdots,x_n)$ を計算した結果の区間 $[T_1, T_2]$ を**信頼度 $1-\alpha$ の信頼区間**，T_1 と T_2 を**信頼限界**，信頼区間を求めることを**区間推定**（interval estimation）という．母数 θ は一定値であるが，区間 $[T_1, T_2]$ は（図1）のように標本値によりいろいろ変化するが，この区間に θ が入る確率が $1-\alpha$ である．

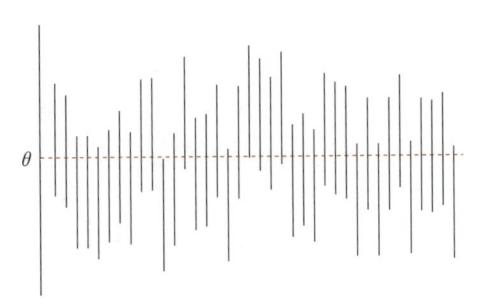

図1　区間〔T₁, T₂〕の分布状態

4. 区間推定（その1）

　区間推定では，信頼区間はできるだけ狭い方がよく，信頼度はなるべく大きいものがよい．しかし，これら2つの要件は相反するものである．信頼度100%とすれば，信頼区間は$(-\infty, +\infty)$となる．このことは理屈の上では正しいが，実用的ではない．相反する要求を満たすためには，一つは

　　標本の大きさnを大きくすること（大標本の場合），

他は

　　特別な確率分布を考案すること（小標本の場合）

に分けられる．

(例6) 母集団μが未知の正規母集団$N(\mu, \sigma^2)$において，抽出した大きさnの標本平均$\bar{X}$は正規分布$N(\mu, \sigma^2/n)$に従うから

$$Z = \frac{\bar{X} - \mu}{\sigma/\sqrt{n}}$$

とおけば，Zは正規分布$N(0,1)$に従う．さて，$1-\alpha$の値を決めて

$$Pr(-\lambda < Z < +\lambda) = 1 - \alpha$$

となるλを正規分布表から定めるならば，Zを$\bar{X}$に戻し

$$Pr(\bar{X} - \lambda \cdot \frac{\sigma}{\sqrt{n}} < \mu < \bar{X} + \lambda \cdot \frac{\sigma}{\sqrt{n}}) = 1 - \alpha$$

となる．従って標本平均$\bar{X}$の実現値を$\bar{x}$とすれば，母平均μの信頼区間は信頼度$1-\alpha$で

$$\bar{x} - \lambda \cdot \frac{\sigma}{\sqrt{n}} < \mu < \bar{x} + \lambda \cdot \frac{\sigma}{\sqrt{n}}$$

である．λはαの関数なので，$\lambda = \lambda(\alpha)$と表す．正規分布では$\lambda(0.025) = 1.96$, $\lambda(0.005) = 2.58$である．

　信頼度95%であれば　　$\bar{x} - 1.96\frac{\sigma}{\sqrt{n}} < \mu < \bar{x} + 1.96\frac{\sigma}{\sqrt{n}}$,

　信頼度99%であれば　　$\bar{x} - 2.58\frac{\sigma}{\sqrt{n}} < \mu < \bar{x} + 2.58\frac{\sigma}{\sqrt{n}}$

が信頼区間である．

　例えば，永年の統計から，小学校1年生の身長分布の分散は$16\,\text{cm}^2$の正

規分布であることが分かっている．ある小学校1年生100人の平均身長は115.1 cmだった．日本の小学校1年生の身長の95％信頼区間を求めよ．
$$115.1-1.96\times 4/\sqrt{100}<\mu<115.1+1.96\times 4/\sqrt{100},$$
すなわち
$$114.3<\mu<115.9$$

(例7) 蛍光灯の仕切りから何本かを取り出して，蛍光灯の平均寿命を推定したい．蛍光灯の寿命の標準偏差は180時間であることは分かっている．信頼度99％の信頼区間の幅を100時間以内にしたい．何本以上の標本蛍光灯を抽出したらよいか．

区間の幅は
$$(\bar{x}+2.58\frac{\sigma}{\sqrt{n}})-(\bar{x}-2.58\frac{\sigma}{\sqrt{n}})=2\times 2.58\frac{\sigma}{\sqrt{n}}$$
である．$\sigma=180$ とおくと
$$2\times 2.58\times 180/\sqrt{n}=100$$
を解いて，
$$n=(2\times 2.58\times 180/100)^2=9.288^2=86.27$$
それで87本以上抽出すればよい．

［注］（例6）や（例7）において，母分散 σ^2 を既知とした．σ^2 が既知ならば，当然母平均は分かっている筈である．なぜなら，母分散は母平均からの偏差の平方の平均だからである．しかし，統計の実際問題では，例えば大量生産過程では，既に多くの標本群が取られていて，それらに対する不偏標本分散値 u^2 や不偏でない標本分散値 s^2 が計算されており，それらが比較的安定した値であることが分かっているので，母分散 σ^2 の値と考えて差し支えない．

(例8) 1枚の貨幣を100回投げて，表が56回でた．この貨幣の表の出る確率の95％信頼区間を求めよ．

1枚の貨幣を投げて表の出る事象を A とする．A の起こる確率を p で表す．n 回の投げで x 回表が出たとすると，第六章の（例3）によって x/n の母平均は p，母分散は pq/n である；ただし $q=1-p$ である．n が大きいと

$$z = \frac{x/n - p}{\sqrt{pq/n}}$$

は中心極限定理により標準正規分布 $N(0,1)$ に従う．それで

$$\frac{|56/100 - p|}{\sqrt{pq/100}} \leq 1.96$$

を解けばよい．平方して分母を払うと

$$100(0.56 - p)^2 \leq 1.96^2 p(1-p)$$

となる不等式を得る．この2次不等式を解くと

$$0.463 \leq p \leq 0.653$$

を得る．これが信頼度95％の母比率の信頼区間である．

実用的には上の2次不等式を解くことは楽ではない．それで次のような簡便な方法を採用する．観測数 n が大きいとき，観察された比率 $X/n = \bar{p}$ に対して

$$Pr\left\{-1.96 \leq \frac{\bar{p} - p}{\sqrt{pq/n}} \leq +1.96\right\} = 0.95$$

において，$\sqrt{pq/n}$ の代わりに $\sqrt{\bar{p}\bar{q}/n}$ を用いて，

$$\bar{p} - 1.96\sqrt{\bar{p}\bar{q}/n} \leq p \leq \bar{p} + 1.96\sqrt{\bar{p}\bar{q}/n}$$

で代用する．この例では

$$0.56 - 1.96\sqrt{0.56 \times 0.44/100} \leq p \leq 0.56 + 1.96\sqrt{0.56 \times 0.44/100},$$

つまり

$$0.463 \leq p \leq 0.657$$

となって，先の結果とそれほど違わない．

5. 区間推定（その2）

前節では母平均の推定において，母分散が既知と仮定した．しかし，本節では，$N(\mu, \sigma^2)$ に従う母集団から抽出した標本から

母分散が未知のときの母平均の推定

をしてみよう．この場合は統計量

$$Z=\frac{\bar{X}-\mu}{\sigma/\sqrt{n}}$$

の代わりに，統計量

$$T=\frac{\bar{X}-\mu}{U/\sqrt{n}}$$

を用いる．このとき T を **T統計量**という．T統計量の分母は標本不偏分散を標本の大きさの平方根で割ったものである．X, U, T の実現値をそれぞれ x, u, t とする．t の確率密度は

$$f(t)=\frac{\Gamma\left(\frac{n}{2}\right)}{\sqrt{(n-1)\pi}\,\Gamma\left(\frac{n-1}{2}\right)}\frac{1}{\left(1+\frac{t^2}{n-1}\right)^n}$$

と計算され，この密度関数をもつ確率分布を自由度 $n-1$ の **t-分布**という．この密度関数は（図2）のように直線 $t=0$ に関して左右対称であり，$n≧30$ ならば，正規曲線と殆ど同一視される．この関数の表す曲線下の面積の値は t 分布表として巻末にある．ここで**自由度**（degree of freedom）という言葉は，分散が分かっているとき，平均からの $n-1$ 個の偏差が分かれば，n 番目の偏差が自動的に決まるとか，n 番目の偏差は束縛されているという意味で使われている．T 統計量に対し

$$Pr\{-t_{n-1}(\alpha)\leq T\leq +t_{n-1}(\alpha)\}=1-\alpha$$

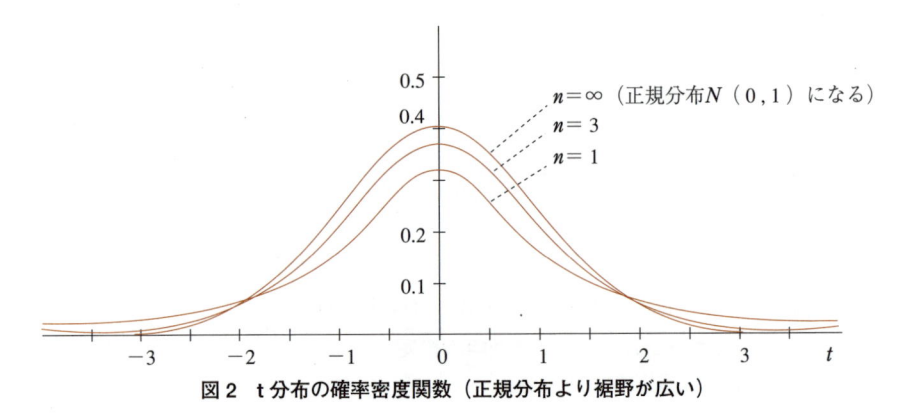

図2 t分布の確率密度関数（正規分布より裾野が広い）

5. 区間推定 (その2)

となる $t_{n-1}(\alpha)$ を自由度 $n-1$ の t 分布表で読み，区間

$$\left[\bar{x} - t_{n-1}(\alpha)\frac{u}{\sqrt{n}},\ \bar{x} + t_{n-1}(\alpha)\frac{u}{\sqrt{n}}\right]$$

を求めると，これが信頼度 $1-\alpha$ の信頼区間である．

(例9) ある製鉄会社が購入した石炭の灰分は，分析の結果

13.5, 12.7, 13.2, 12.4, 11.9 （％）

であった．購入した石炭の真の灰分はいくらか．95％の信頼区間で書け．

$\bar{x} = 12.74$, $\sum(x_i - \bar{x})^2 = 1.612$, $u^2 = 1.612/4 = 0.403$,

従って

$$t = (12.74 - \mu)/\sqrt{0.403/5}$$

に対して，

$Pr\{|t| \leq t_4(0.025)\} = 0.95$, $t_4(0.025) = 2.776$

だから，95％信頼区間は

$12.74 - 2.776 \times 0.284 \leq \mu \leq 12.74 + 2.776 \times 0.284$

つまり $11.95 \leq \mu \leq 13.53$ である．

アイルランドの首都ダブリンにある黒ビールの生産会社ギネスの技師**ゴセット** (William Sealy Gosset; 1876-1937) は，ビール醸造にあたり，酵母菌は短時間に変化するので，多数の標本を採ることができないことを知った．それで少ない個数の標本で結論を出す方法を模索していた．しかも小標本では，標本分散は標本ごとに大きく変動することが分かった．ここでは $\sigma = $ 一定は既知という訳には行かなかった．1908年ゴセットがカール・ピアソン教授の指導の下に纏め，スチューデントという筆名で発表した「平均の確率誤差」という論文で，$N(0, \sigma^2)$ に従う小標本のデータを多数とり，それぞれの平均 $\bar{x}$ と標準偏差 s を計算し，まず帰納的に $t = \bar{x}/s$ の分布がどうなるか調べた．標本の大きさ n がかなり大きいときは正規分布となるが，そうでないときは正規分布とかなり違うことを彼は発見し，いろいろ計算した末，$t = \bar{x}/s$ の分布を求めた．それは，n が奇数のとき

$$y = \frac{1}{2}\frac{n-2}{n-3}\frac{n-4}{n-5}\cdots\frac{5}{4}\frac{3}{2}\frac{1}{(1+t^2)^{n/2}}$$

ゴセット（スチューデント）

n が偶数のとき
$$y = \frac{1}{\pi} \frac{n-2}{n-3} \frac{n-4}{n-5} \cdots \frac{4}{3} \frac{2}{1} \frac{1}{(1+t^2)^{n/2}}$$
であるというものだった．

[注] 正数 n に対して
$$\Gamma(n) = \int_0^\infty x^{n-1} e^{-x} dx$$
を**ガンマ関数**という．この関数に関して
$$\Gamma(n) = (n-1)\Gamma(n-1),$$
$$\Gamma(1) = 1, \quad \Gamma(1/2) = \sqrt{\pi}$$
という諸性質が成立する．

6. 区間推定（その3）

正規母集団 $N(\mu, \sigma^2)$ から n 個の標本 $X_1, X_2, \cdots, X_n$ の標本分散 S^2 を用いて，
$$\chi^2 = \frac{nS^2}{\sigma^2} = \frac{1}{\sigma^2} \sum_1^n (X_i - \bar{X})^2$$
という統計量を考える．χ^2 は「カイ二乗」と読むが，χ の平方と考えないで，それだけで1つの統計量と考える方がよい．S^2，$\bar{X}$ に実現値を代入した $\chi^2 = ns^2/\sigma^2$ の確率密度関数を求めたい．

ここでいま一つ別の
$$\chi^2 = \frac{nS^2}{\sigma^2} = \frac{\sum(X_i - \mu)^2}{\sigma^2}$$
で表される統計量をとると，この統計量の確率密度関数は
$$f_n(\chi^2) d\chi^2 = \begin{cases} \dfrac{1}{2\Gamma\left(\dfrac{n}{2}\right)} \left(\dfrac{\chi^2}{2}\right)^{n/2-1} \exp\left(-\dfrac{\chi^2}{2}\right) & (0 < \chi^2 < \infty \text{ のとき}) \\ 0 & (\chi^2 \leq 0 \text{ のとき}) \end{cases}$$
で表されることが分かっている．この分布を**自由度 n の χ^2 分布**という．

6. 区間推定（その3）

$$\frac{1}{\sigma^2}\sum_{i=1}^{n}(X_i-\mu)^2=\frac{1}{\sigma^2}\sum_{i=1}^{n}(X_i-\bar{X}+\bar{X}-\mu)^2$$

$$=\frac{1}{\sigma^2}\sum_{i=1}^{n}(X-\bar{X})^2+\frac{2}{\sigma^2}(\bar{X}-\mu)\sum_{i=1}^{n}(X_i-\bar{X})+\frac{n}{\sigma^2}(\bar{X}-\mu)^2$$

$$=\frac{1}{\sigma^2}\sum_{i=1}^{n}(X_i-\bar{X})^2+\frac{(\bar{X}-\mu)^2}{\sigma^2/n}$$

と変形される．最後の第二項は $N(0,1)$ に従う確率変数 Z の平方 Z^2 であり，これは自由度1の χ^2 分布に従う．それで統計量 nS^2/σ^2 は自由度 $n-1$ の χ^2 分布に従う．というのは

χ_n^2, χ_m^2 がそれぞれ自由度 n, m の χ^2 分布に従う互いに独立な確率変数とすると，$\chi_n^2+\chi_m^2$ は自由度 $n+m$ の χ^2 分布に従う

という定理（**再生性の定理**）があるからである．

χ^2 分布のグラフは自由度 n の値によって，(図3) に示すように曲線の形状はかなり変化する．

そこで母分散 σ^2 を信頼度 $1-\alpha$ で区間推定しよう．

(1) **母平均 μ が既知**の場合，自由度 n の χ^2 分布表から確率が $\alpha/2$ となる $\chi_n^2(\alpha/2)$ 点と，確率が $1-\alpha$ となる $\chi_n^2(1-\alpha/2)$ 点を求め，$\chi^2=nS^2/\sigma^2$ とおいて

$$Pr\{\chi_n^2(\alpha/2)\leq\chi^2\leq\chi_n^2(1-\alpha/2)\}=1-\alpha$$

とすればよい．それで母分散 σ^2 に対する信頼度 $1-\alpha$ の信頼区間は

$$\frac{nS^2}{\chi_n^2(1-\alpha/2)}\leq\sigma^2\leq\frac{nS^2}{\chi_n^2(\alpha/2)}$$

である．

(2) **母平均が未知**の場合，μ の代わりに標本平均 $\bar{X}$ をとる．このとき，自由度 $n-1$ の χ^2 分布表から確率が $\alpha/2$ となる $\chi_{n-1}^2(\alpha/2)$ 点と，確率が $1-\alpha/2$ となる $\chi_{n-1}^2(1-\alpha/2)$ 点を求め

$$Pr\{\chi_{n-1}^2(\alpha/2)\leq\chi^2\leq\chi_{n-1}^2(1-\alpha/2)\}=1-\alpha$$

とすればよい．それで母分散 σ^2 に対する信頼度 $1-\alpha$ の信頼区間は

$$\frac{nS^2}{\chi_{n-1}^2(1-\alpha/2)}\leq\sigma^2\leq\frac{nS^2}{\chi_{n-1}^2(\alpha/2)}$$

となる．このことを図示すると（図4）のようになる．

(**例10**) あるグループの健康と思われる10人の成人男子について，血糖値を測定したところ，次の値を得た．

　103, 78, 98, 81, 92, 69, 90, 85, 76, 83　(mg/dl)

　(1)　正常な血糖値の平均が80.0 mg/dlであることが分かっている場合，

　(2)　正常な血糖値の平均が未知の場合

のそれぞれについて，母分散の95％信頼区間を求めよ．

(解)(1)　$n=10$, $\mu=80.0$, $s^2=127.3$, 自由度10のχ^2分布表から

$$\chi^2_{10}(0.025)=20.483, \quad \chi^2_{10}(0.975)=3.247$$

を得るから

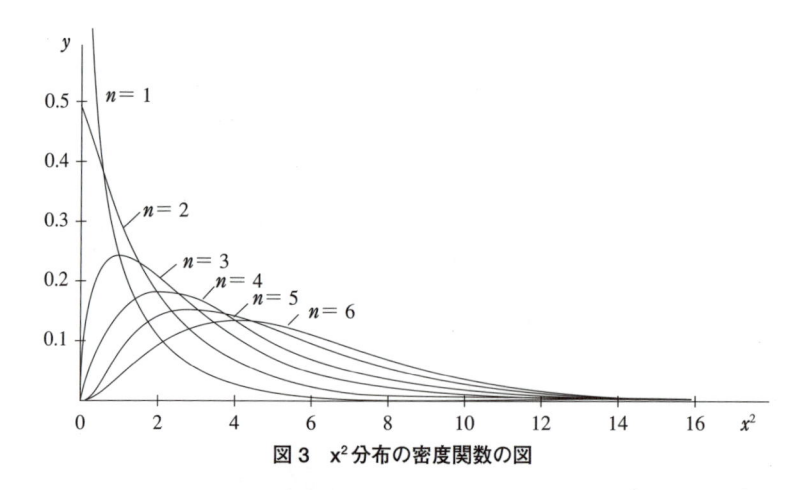

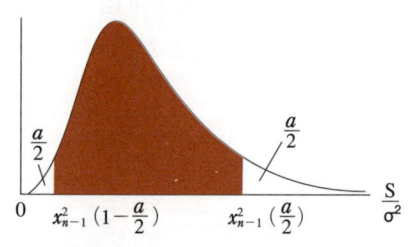

図3　χ^2分布の密度関数の図

図4　自由度n－1の$x^2=nS^2/\sigma^2$の分布

$10 \times 127.3/20.483 \leq \sigma^2 \leq 10 \times 127.3/3.247$,
よって　　　$62.15 \leq \sigma^2 \leq 392.05$.

(2) μ が未知の場合，$\bar{x} = 85.5$，　$ns^2 = \sum(x_i - 85.5)^2 = 970.5$，自由度 9 の χ^2 分布表から

$\chi^2_9(0.025) = 19.023$, $\chi^2_9(0.975) = 2.700$

を得るから

$970.5/19.023 \leq \sigma^2 \leq 970.5/2.7$,
よって　　　$51.02 \leq \sigma^2 \leq 359.44$.

7. 区間推定（その4）

これまでは2変量を扱ってきたが，3変量の場合も考えられる．例えば，世帯の経済(収入 X，人数 Y，支出 Z) や，航空機の位置（緯度 X，経度 Y，高度 Z) は3変量の例である．いま XY 平面上の任意の標本点を (x,y) とすると，$X=x$，$Y=y$ をとる確率を

$$f(x,y) = Pr(X=x, Y=y)$$

で表す．(x,y) が平面上の領域 R に落ちる確率は

$$Pr[(x,y) \in R] = \iint_R f(x,y)\,dxdy$$

で求められる．勿論，確率であるから

$$f(x,y) \geq 0,$$

かつ

$$\int_{-\infty}^{+\infty} \int_{-\infty}^{+\infty} f(x,y)\,dxdy = 1$$

という条件を満たさねばならない．$f(x,y)$ を**同時密度関数**という．また，**同時分布関数**は

$$F(x,y) = Pr(X \leq x, Y \leq y) = \int_{-\infty}^{x} \int_{-\infty}^{y} f(x,y)\,dxdy$$

で表される．2変量分布の中で特に重要な理論モデルは，密度関数が

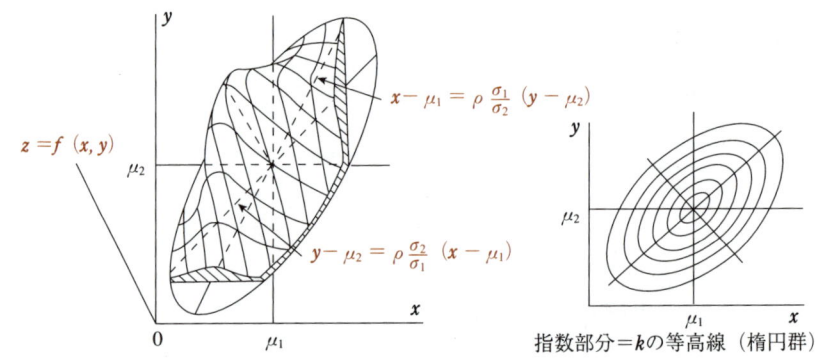

図5 2次元正規分布曲面（相関面）

$$f(x,y)=\frac{1}{2\pi\sigma_1\sigma_2\sqrt{1-\rho^2}}\exp\left[-\frac{1}{2(1-\rho^2)}\left\{\frac{x^2}{\sigma_1^2}-\frac{2\rho xy}{\sigma_1\sigma_2}+\frac{y^2}{\sigma_2^2}\right\}\right]$$

と表される2次元正規分布で，（図5左）のような形状のものである．この曲面の等高線は（図5右）のような互いに相似な楕円である．

この2次元正規分布に従う母集団からとった大きさ n の標本変量

$$(X_1, Y_1),\ (X_2, Y_2),\cdots,(X_n, Y_n)$$

に対して，統計量としての相関係数

$$R=\frac{1}{nS_xS_y}\sum_{i=1}^{n}(X_i-\bar{X})(Y_i-\bar{Y})$$

が作れる．ここで S_x, S_y はそれぞれ X, Y の偏りのある標本分散である．R の実現値が r で表現される．シュワルツの不等式を使うと，r 同様

$$-1\leqq R\leqq +1$$

であることは明らかである．R の度数分布は，大変歪んだ形状をしていて取扱いにくいので

$$f(R)=\frac{1}{2}\log\frac{1+R}{1-R}$$

という変換（これを **z変換** という）を行うと，

$$-\infty<f(R)<+\infty$$

と値域が変わる．**R.A. フッシャー**（R.A. Fisher）は1921年に

> n が十分大きければ, $f(R)$ は近似的に $N\left(f(\rho), \dfrac{1}{n-3}\right)$ に従う

ことを発見した.
　このことを使うと, 母相関係数 ρ の区間推定を行うことができる.
（例11）ある町の 10 地区における世帯数 X と 1 ヶ月あたりの排出ゴミ量 Y の標本相関係数 r は 0.8985 であった. 世帯数が多いとゴミの排出量も多くなるのは当然で, 標本相関係数もこのように高い. $Z=f(r)=\dfrac{1}{2}\log_e 18.7044=1.4644.$ これは $N(f(\rho),\ 1/7)$ に従うから, 信頼度 95％で
$$Pr\{-1.96\leqq\sqrt{7}(Z-f(\rho))\leqq+1.96\}=0.95$$
となる. それで $f(\rho)$ の 95％信頼区間は
$$Z-1.96/\sqrt{7}\leqq f(\rho)\leqq Z+1.96/\sqrt{7},$$
つまり　　$1.4544-0.7408\leqq f(\rho)\leqq 1.4544+0.7408,$
$$0.7136\leqq f(\rho)\leqq 2.1952,$$
∴　　$0.6131\leqq \rho\leqq 0.9755$

問 題 7

1. ある母集団から大きさ 5 の標本を抽出し,
　　2.43　　1.89　　2.37　　2.30　　1.74
を得た. 母平均 μ と母分散 σ^2 の不偏推定値を求めよ.
　　　　［答．2.146, 0.0962］
2. 母集団分布が母数 λ のポアッソン分布であるとき, その母集団から抽出した大きさ n の標本変量 $(X_1, X_2, \cdots, X_n)$ に対して, 標本平均 $\bar{X}=\sum X_i/n$ は λ の不偏推定量であることを示せ.
3. 母分散 σ^2 の母集団から抽出された大きさ $m,\ n$ の独立した標本の不偏分散をそれぞれ $U_1^2,\ U_2^2$ とすれば
$$U^2=\dfrac{(m-1)U_1^2+(n-1)U_2^2}{m+n-2}$$

は σ^2 の不偏推定量であることを示せ.

4. 2つの母集団 Ω と Π がある. Ω と Π の母平均は等しくて μ であり，母分散はそれぞれ σ_1^2, σ_2^2 である. Ω, Π からそれぞれ大きさ m, n の標本 $(X_1, X_2, \cdots, X_n)$, $(Y_1, Y_2, \cdots, Y_n)$ を抽出し，標本平均 X, Y の加重平均 $Z = (w_1 X + w_2 Y)/(w_1 + w_2)$ をつくる. このとき Z は不偏推定量であることを証明せよ. また Z が有効推定量であるためには $w_1 : w_2$ はどうでなければならないか.

[答. $w_1 : w_2 = m\sigma_2^2 : n\sigma_1^2$]

5. 水産試験場がある湖に生息するある種の魚の数を推定したいと思っている. その種の魚を k 匹捕獲するまで魚捕りを続けるのみとする. この実験で捕獲された魚の総数は N 匹だったとする. p をこの湖におけるこの種の魚の占める割合として，確率変数 N の確率の関数は

$$_{N-1}C_{k-1} p^k (1-p)^{N-k}, \quad N = k, k+1, \cdots$$

であることを証明せよ. さらに $(k-1)/(N-1)$ は p の不偏推定量であることを証明せよ.

[1匹捕った後に，$N-1$ 回の試行（魚捕り）で $x-1$ 匹が捕れる確率を求めよ.]

6. 自動車の対物保険に関する研究によると，ある特定種類の破損を受けた120台の車を無作為標本に取ったところ，それらの平均修理費は48万円，標準偏差は5.7万円だった. この種の車体修理費の真の平均費用を推定するのに，この標本平均を使えば，確率0.99での信頼区間で表せ.

[答. $(46.658, 49.342)$]

7. 5人の測量士がある土地の面積を測って，7.27, 7.24, 7.21, 7.28, 7.23 (ha) という値を得た. この土地の真の面積の99％信頼区間を求めよ.

[答. $7.215 \leq \mu \leq 7.277$ ha]

8. 看護師たちの最低血圧は正規母集団 $N(\mu, 20.25)$ に従う. これより無作為に5人を抽出し，血圧を測定したところ

87, 86, 90, 83, 85

問 題 7

のデータを得た．母平均 μ を信頼度 95％で推定せよ．
　　　　[答．$83.04 \leqq \mu \leqq 88.94$]

9. 大阪市内より生徒 48 人を抽出して，質問したところ，24 人がインフルエンザに感染していた．生徒の感染率 p を 95％信頼度で推定せよ．
　　　　[答．$\bar{p}=0.5$ として，$\bar{p} \pm 1.96 \sqrt{\bar{p}(1-\bar{p})}$ を計算．$0.36 \leqq p \leqq 0.64$]

10. ある学童の集団から無作為に抽出された 25 人の標本の IQ の標本分散は 120 であった．信頼度 95％で母分散の信頼区間を求めよ．
　　　　[答．$76.212 \leqq \sigma^2 \leqq 241.916$]

11. ある集団の人々の平均身長は 162 cm である．この集団から抽出された 6 人の身長は 160, 165, 160, 164, 162, 161 cm であった．信頼度 99％で母分散の信頼区間を求めよ．
　　　　[答．$1.187 \leqq \sigma^2 \leqq 32.574$]

12. ある信頼度のもとで，標本相関係数 r が正のときの母相関係数 ρ の区間推定が，$\rho_1 \leqq \rho \leqq \rho_2$ とする．同じ信頼度のもとで，$-r$ に対する ρ の信頼区間は $-\rho_2 \leqq \rho \leqq -\rho_1$ であることを示せ．

13. 施肥量を X(pound/acre)，収量を Y(bushel/acre) とする．肥料が作物の収量に影響するかどうか調べるため，いくつかの畑を抽出してデータをとったら，次のようになった．

X	100 200 300 400 500 600 700
Y	40　50　50　70　65　65　80

標本相関係数を求め，母相関係数を信頼度 95％で推定せよ．
　　　　[答．$r=0.9195$，$Z=1.5858$ より $0.60578 \leqq f(\rho) \leqq 2.56578$, $0.49 \leqq \rho \leqq 0.988$]

14. 大きな集団から無作為に 100 人を選び出したとき，その中の高血圧者数が従う分布はどれか．

　　(1)　正規分布　　　　(2)　カイ二乗分布
　　(3)　t 分布　　　　　(4)　二項分布

第七章　統計的推定

(保健師，第 86 回)

［答．高血圧症であるか否かの人数分布なので 4．］

15．標本のサイズを大きくすると得られる値が大きくなる性質をもつのはどれか．

　　(1)　平均値　　　　(2)　中央値
　　(3)　標準偏差　　　(4)　分布範囲

(保健師，第 85 回)

［答．4．範囲は最大変量と最小変量との差で，標本が増えれば当然大きくなる．］

16．標本調査で推定値の精度を高くするのはどれか．
　　(1)　複数の種類の推定値を同じ調査で求める．
　　(2)　標本のサイズを大きくする．
　　(3)　検定と同時に行う．
　　(4)　調査票を簡略にする．

(保健師，第 86 回)

［答．2．無作為に抽出された標本は数が多いほど，標本分布はシャープになり，偏差が小さく，精度が高まる．］

第八章　統計的仮説検定

1. 仮説検定とは何か

　統計的推定もそうだが，ある統計データから，一般的な仮定をおいたり，予見をしたりすることは必要である．そのような仮定や予見の価値を正しく判定するのは，すべて統計データの確率論的判断に基づく．重要なことは
　　確率論的判断とは，確率が十分に小さい若干の危険は無視すること
だと認識することである．言い換えると
　　殆ど起こりそうにない事象は，これを無視して，絶対起こらない事象
と見なすことが必要である．そうでないと，我々の仮定や予見は，正しいか正しくないかのいずれかに決めることができない．
　例えば，貨幣を 20 回投げて 20 回とも表が出たら，だれでもこの貨幣にはカラクリがなされていると思うだろう．その理由として
　　　(H) ……貨幣は完全無欠に作られている
と仮定すれば，20 回続けて表の出る確率は
　　　　$(1/2)^{20} = 1/2^{20} = 1/1048576$
であり，大体 100 万分の 1 程度の確率で (H) は起こる事象であり，現実には起こりそうもない．従って，そんなことは絶対に起こらないと見なす．ところがそれが現実にいま起こったのだから，矛盾している．それで，仮説 (H) は正しくないとする．
　この論法は，仮説 H を証明するのに，H であると仮定すると矛盾に導かれることを示し，それで H でないと結論する帰謬法にそっくりである．矛盾と判断されるのに，確率の値が加味され，確率で計量化されている点が帰謬法との違いである．上記の手続きは
　　確率的帰謬法

ともいうべきものである．

> 帰謬法…起こり **えない** ことが起こったから，仮定 H を否定→矛盾．
> 確率的帰謬法…起こり **そうにない** ことが起こったから，H を否定→
> 　　　　　確率は極めて小．

ここで，はじめの仮定 H は否定される運命にあるので
　　　帰無仮説（null hypothesis）
という．それでは，どの程度の確率なら，これを起こらないとして無視してよいか．それは問題の性質によって適当に決めれば良い．この確率を
　　　有意水準（level of significance）
という．貨幣の例では，有意水準 $\alpha=1/100,0000$ とすると H は否定されるが，$\alpha=1/1000,0000$ とすると H は否定されず，貨幣は完全とも不完全とも判断できない．そういう意味で

　仮説 H の否定（**棄却する**という）は積極的に行なえるが，H の肯定（**採択する**という）は消極的ならざるを得ない．

　確率的帰謬法のことを**有意性の検定**，または**統計的仮説検定**（testing of statistical hypothesis）という．

(例1) ある農場から収穫された馬鈴薯の 90％は良品であるが，残りの 10％は切ってみないと分からない腐った核があると考えられている．馬鈴薯 25 個入りの袋を取って 19 個もしくはそれ以下しか良い馬鈴薯がなかったとしよう．
はじめの主張は有意水準 0.05 で採択できるか．
(解) 確率変数 $X=$ 良い馬鈴薯の個数　とする．
　　　帰無仮説 $H：p=$ 1 個の馬鈴薯が良品である確率$=0.9$,
　　　有意水準　　$\alpha=0.05$,
もしも仮説が真ならば，X の分布は二項分布に従う．それで
$$Pr\{X \leqq 19\} = \sum_{x=0}^{19} {}_{25}C_x (0.9)^x (0.1)^{25-x}$$
$$= 1 - \sum_{x=20}^{25} {}_{25}C_x (0.9)^x (0.1)^{25-x}$$

1. 仮説検定とは何か

$=1-0.96660=0.03340<\alpha$

従って，仮説が正しい確率が α 以下だから正しくないとして棄却する．

この例で，$p=0.90$ が正しい仮説であったにもかかわらず，実験の結果（統計量の実現値）により棄却されたとしよう．この種の間違いは

第一種の過誤（error of the first kind）

という．元来，第一種過誤を犯す確率を有意水準と呼んでいたが，検定の実施にあたっては，第一種過誤の起こる確率を前もって決めておき，それを有意水準と呼んでいる．有意水準として取られる値は，通常

$\alpha=0.05$ または $\alpha=0.01$

にとることが多い．仮説を捨て去る（棄却する）場合，そのような行為を引き起こした実験結果の集合を

棄却域（critical region）

と呼ぶ．つまり，大きさ n の標本変量 $(X_1, X_2, \cdots, X_n)$ から求めた統計量 $T(X_1, X_2, \cdots, X_n)$ の確率分布を考える．数直線上のある区域 W をとり，仮説 H のもとで $T(X_1, X_2, \cdots, X_n)$ が W に入る確率が α であるようにする．抽出された標本値（実験結果）$(x_1, x_2, \cdots, x_n)$ に対し，$T(x_1, x_2, \cdots, x_n)$ が W に入ったら，帰無仮説 H を捨てる（**棄却する**）．W に入らなかったら H を認める（**採択する**）．それで W を棄却域という．

仮説が棄却されることは，別のある仮説が採択されることである．それで以後，帰無仮説を H_0，別のある仮説を**対立仮説**（alternative hypothesis）と呼び，記号で H_1 と表す．

(例2) (例1)においては帰無仮説 $H_0: p=0.9$ であった．対立仮説はどのようなものをもってきてもよいが，とりあえず $H_1: p=0.8$ とする．この仮定のもとで，馬鈴薯が棄てさられる確率は

$$Pr\{X \leq 19\} = \sum_{x=0}^{19} {}_{25}C_x (0.8)^x (0.2)^{25-x}$$

$$= 1 - \sum_{x=20}^{25} {}_{25}C_x (0.8)^x (0.2)^{25-x}$$

$$= 1 - 0.61669 = 0.38331$$

と計算される．それで仮定 H_1 を受け入れる確率は 0.61669 である．真の良品率が $p=0.9$ ならば，この確率は誤った仮説を受け入れる危険性を数量化したもので，

第二種の過誤（error of the second kind）

を犯す確率である．第二種の過誤の大きさを β で表す．

一般的に第二種過誤 β は第一種過誤 α よりはるかに大きい．ただし α と β はシーソーのように背中合わせになっていて，両方を同時に小さくすることはできないので，α を固定しておいて判断する．帰無仮説を捨てるのが正しい確率は $1-\beta$ であるから，この確率 $1-\beta$ を**検定力**（power）という．以上の説明をまとめてみよう．

仮説に関するいろいろな可能性は次のとおりである．

	仮説を採択	仮説を棄却
仮説が真	正しい決定	第一種の過誤 α
仮説が偽	第二種の過誤 β	正しい決定

(例3) 第一種の過誤と第二種の過誤の例をあげよう．

(1) ショーウインドゥを見て衝動的に買い物をして失敗する過誤（α）と，買わずに後悔する過誤（β）がある．

(2) 製造者が良心的に製品を造っているのに消費者からクレームを付けられる過誤（α）と，消費者が不良品をつかまされる過誤（β）がある．この意味で第一種の過誤は**生産者危険**，第二種の過誤は**消費者危険**ともいう．

(3) 火災が起きていないのに警報器が鳴った過誤（α）と，本当に火災が起こったのに警報器が作動しなかった過誤（β）がある．

(4) 疾患のスクリーニング（振り分け）で腫瘍を診断したとき，本当はそうでなかったのに誤る場合の過誤（α）と，腫瘍でないと診断されたが本当は腫瘍であった場合の過誤（β）がある．

(5) 医療系では $(1-\alpha)$ を敏感度，$(1-\beta)$ を特異度といって利用するが，両者は互いに排反する．

2. 仮説検定の実例

前節の（例1）のような場合は，1つの母集団から抽出した標本について調べたから**1標本問題**という．それに対し，地域ごとの平均気温の差や，2種の薬の効果の比較の場合には，2つの母集団から抽出された各々の標本から判定するので**2標本問題**という．

仮説検定は，標本から得た検定統計量 T の従う分布に基づいて行われるので，その検定に用いられる確率分布に因んで，**二項分布検定**とか**正規分布検定**とか……いわれる．以下いくつかの具体的な検定例を挙げる．

（例4） t 分布による正規母集団 $N(\mu, \sigma^2)$ の母平均の検定————スチューデント検定法

A町のディサービスを受けている10人の高齢者に対し，満足度の度合いを尋ねたところ，その比の標本平均は $\bar{x}=0.7$，標本分散 $s^2=0.25$ だった．母平均 $\mu=0$ を検定せよ．有意水準 $\alpha=0.05$ とする．

（解）　帰無仮説　H_0：比の母平均　$\mu=0$　（満足する，しない人半々）

　　　　有意水準　　　：$\alpha=0.05$

母分散 σ^2 は不明なので，t 検定を行う．
統計量

$$t = \frac{\sqrt{n-1}\,(\bar{x}-\mu)}{s} = \frac{\sqrt{9} \times 0.7}{\sqrt{0.25}} = 4.2$$

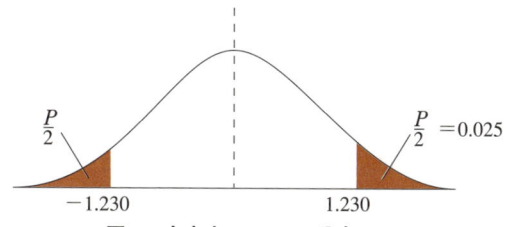

図1　自由度 n−1 の t 分布

t 分布表より，$\alpha=0.05$ と自由度 $10-1=9$ のクロスするところを読み取ると

$$\Pr\{|t|\geqq t(n-1,\alpha)\}=0.025$$

のとき

$$t(n-1,\alpha)=t(9,0.025)=1.230,$$

棄却域は $W=\{t||t|\geqq 1.230\}$ である．

$$4.2 \in W$$

だから，仮説 H_0 は棄却される．満足する人と満足しない人の数には差があったことになる．

ここで $n-1$ は**自由度**（degree of freedom）という．n 個の標本値の合計が決められている場合，$n-1$ 個の値は自由にとれるが，n 番目の値は合計値に束縛されるからである．また，棄却域は問題の性質により分布関数の両側の裾野をとっているが，このような棄却域のとり方を**両側検定**（two sided test）という．

(例5) 正規分布による正規母集団 $N(\mu,\sigma^2)$ の母平均の検定：σ^2 は既知とする．

全国高校生の最低血圧（mmHg）の平均値は86，標準偏差は4とする．今あるクラス49人を測定した結果，平均血圧は84であった．全国平均と差があるかを検定せよ．有意水準は 0.05 とする．

（解）　帰無仮説　　H_0：$\mu=86$

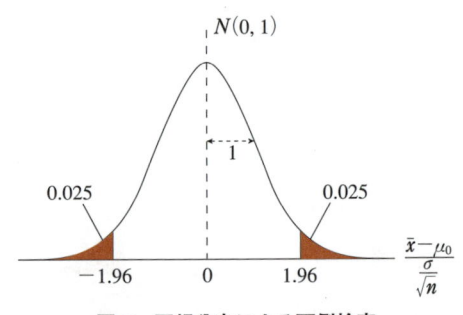

図2　正規分布による両側検定

有意水準 $\alpha=0.05$

母分散は $\sigma^2=16$ と既知なので,統計量は

$$Z=\frac{|\bar{x}-86|}{\sigma/\sqrt{n}}=\frac{|84-86|}{4/\sqrt{49}}=3.50.$$

正規分布表より

$Pr\{|Z|\geq Z_0\}=0.05$

となる Z_0 は 1.96 である.棄却域は

$W=\{Z||Z|\geq 1.96\}$

であり,$3.5\in W$ であるから,H_0 は棄却される.つまり血圧の差は存在した.

(例6)独立な 2 つの正規分布 $N(\mu_1,\sigma_1^2)$,$N(\mu_2,\sigma_2^2)$ において,σ_1^2,σ_2^2 が既知のとき,平均の差 $\mu_1-\mu_2$ の検定

A町とB町より各々児童10人を抽出して体重を測定したところ,次の表のようになった.両町の児童の体重に差があるといえるか.有意水準 0.05 で判断せよ.

児童	1	2	3	4	5	6	7	8	9	10	
A町 X_1	25.1	26.3	26.1	25.9	25.3	26.7	27.9	24.6	28.5	23.4	kg
B町 X_2	28.4	25.1	28.3	27.8	29.6	25.6	31.7	25.6	27.8	22.8	kg

$\sigma_1^2=5$,$\sigma_2^2=8$ は既知とする.

(解) 帰無仮説 $H_0:\mu_1=\mu_2$

有意水準 $\alpha=0.05$

$\bar{X}_1=259.8/10=25.98$,$\bar{X}_2=272.7/10=27.27$

標本変量の差の分布の分散は $\sigma_1^2/n_1+\sigma_2^2/n_2$ である.

平均値の差の統計量は

$$Z=\frac{\bar{X}_1-\bar{X}_2}{\sqrt{\sigma_1^2/n_1+\sigma_2^2/n_2}}=\frac{27.27-25.98}{\sqrt{5/10+8/10}}=1.13.$$

正規分布表から,棄却域は

$W = \{Z \| Z | \geq 1.96\}$,
$1.13 \notin W$

故に H_0 は棄却できない．差があるとも言えない．

(例7) 正規分布による2つの標本の母比率が等しいことの検定

　A市はデイサービスの利用について，2つの地域甲と乙の高齢者各々100人ずつに対し，サービス状況についてアンケート用紙を配布して調査した．その結果，各々10％，13％の回答が届いた．両地域において問題の関心度に差があるか検定せよ．

(解)甲地の対象者数を n_1，回答比率を p_1；乙地の対象者数を n_2，回答比率を p_2 とする．

　　　帰無仮説　$H_0 : p_1 = p_2$
　　　有意水準　$\alpha = 0.05$ ，両側検定を行う．

(例6)の標本平均値の差を比率の差に置き換えればよい．統計量 P は

$$P = \frac{|p_1 - p_2|}{\sqrt{p_1(1-p_1)/n_1 + p_2(1-p_2)/n_2}}$$

$$= \frac{|0.13 - 0.10|}{\sqrt{0.1 \times 0.9/100 + 0.13 \times 0.87/100}}$$

$$= 0.6657,$$

一方，棄却域は

　　　$W = \{P \| P | > 1.96\}$
　　　∴　$0.6657 \notin W$

H_0 は棄却できない．それで差があるとは言えない．

3. F 分布と分散に関する検定

　同じ分散をもつ正規分布 $N(\mu_1, \sigma^2)$, $N(\mu_2, \sigma^2)$ に従う2つの母集団があるとする．第一の正規母集団から大きさ n の標本を，第二の正規母集団から大きさ m の標本を抽出し，それぞれの不偏標本分散 U_1^2, U_2^2 を計算し，

3. F分布と分散に関する検定

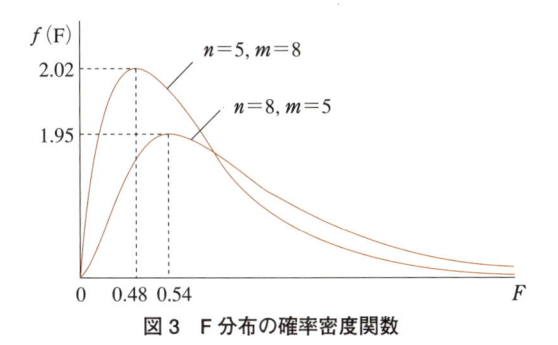

図3 F分布の確率密度関数

分散比 $F = \dfrac{U_1^2}{n-1} \Big/ \dfrac{U_2^2}{m-1}$

を計算する．抽出した2組の標本を元の母集団に戻す．この操作を何回も反復すると，Fの値の度数分布が得られるだろう．分散は非負であるから，Fの値は $[0, \infty)$ の区間に存在する．標本抽出を無限回反復したときの度数分布の関数式は

$$f(F) = \dfrac{n^{n/2} m^{m/2}}{B(n/2, m/2)} \dfrac{F^{n/2-1}}{(nF+m)^{(n+m)/2}} \quad , \quad F \geq 0$$

で表される．ここで

$$B(a,b) = \dfrac{\Gamma(a)\Gamma(b)}{\Gamma(a+b)}$$

で表される．この関数式で密度関数が表現される分布を，**自由度 $n-1, m-1$ の F 分布**という．その関数の形状は（図3）で示される．

不偏分散 U^2 に対して，$(n-1)U^2/\sigma^2$ は自由度 $(n-1)$ の x^2 分布に従うことは第7章，6節で述べた．それで

$$\dfrac{U_1^2/\sigma_1^2}{U_2^2/\sigma_2^2} = \dfrac{\sigma_2^2 U_1^2}{\sigma_1^2 U_2^2}$$

は，形式的に

$$\dfrac{\text{自由度 } n-1 \text{ の } x^2 \text{ 分布}}{\text{自由度 } m-1 \text{ の } x^2 \text{ 分布}}$$

となり，自由度 $n-1, m-1$ の F 分布と考えられる．

いま F の値を F_0 とし
$$Pr\{x > F_0\} = \alpha$$
となる α に対して，余事象の確率から
$$Pr\{x \leq F_0\} = 1 - \alpha,$$
F 分布の変量は正であるから
$$Pr\left\{\frac{1}{x} \geq \frac{1}{F_0}\right\} = 1 - \alpha.$$
このことから，$1/x$ の分布は自由度 $m-1$, $n-1$ の F 分布に従う．この性質は F 分布表を引くときに必要になる．つまり上の $F_0 \equiv F(n,m;\alpha)$ とおくと
$$F(n,m;\alpha) = \frac{1}{F(m,n;1-\alpha)}$$
となる．

(例8) 2つの正規母集団 $N(\mu_1, \sigma_1^2)$, $N(\mu_2, \sigma_2^2)$ からの標本から，F 分布による母分散の差の検定

2つの児童集団において実施したテスト結果の分布は，各々 $N(\mu_1, \sigma_1^2)$, $N(\mu_2, \sigma_2^2)$ であった．各々の母集団から $n=6$, $m=7$ の標本をとり，標本分散が $S_1^2 = 2.5$, $S_2^2 = 3.0$ であった．このとき両方の母分散に差があると言えるか検定せよ．

(解) 帰無仮説　$H_0 : \sigma_1^2 = \sigma_2^2$,

　　有意水準　$\alpha = 0.05$

統計量　$F = \dfrac{mS_2^2/(m-1)}{nS_1^2/(n-1)} = \dfrac{3.5}{3.0} = 1.17$

$F(6,5;0.025) = 6.978$, さらに，$F(6,5;0.975) = 1/F(5,6;0.025) = 1/5.99 = 0.167$ であるから，棄却域は
$$W = \{F | 0 < F \leq 0.167 \text{ または } F \geq 6.978\}$$
　　$\therefore$　$1.17 \notin W$

[注] ここでは両側検定を行ったが，それは

　　対立仮説　$H_1 : \sigma_1^2 \neq \sigma_2^2$

と考えたからである．不偏分散比が1より大きいから，もしも

対立仮説　$H_1 : \sigma_2{}^2 > \sigma_1{}^2$ とするなら，$F(6,5 ; 0.05) = 4.95$ となり，

棄却域 $W = \{F | F \geq 4.95\}$ から，$1.17 \notin W$ となり，やはり帰無仮説 H_0 は棄却されない。この場合の検定を**片側検定**（one-sided test）という。棄却域が分布の右裾にあるから，右片側検定という。

両側検定か片側検定か，いずれにするかは対立仮説の設定の仕方によって決まる。

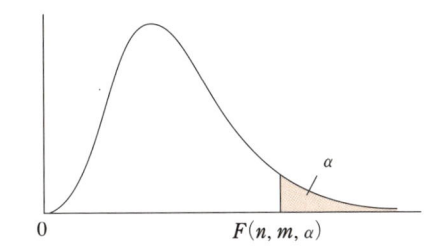

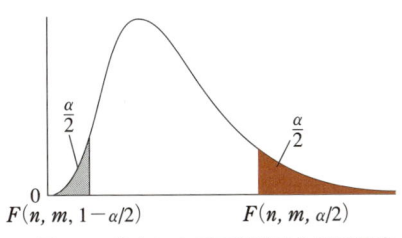

図4　F分布による両側検定と片側検定

4. いろいろな検定法

（例9）χ^2 分布による適合度検定

1個のサイコロを36回投げて出た目は次の通りである。サイコロは均質に作られているか，有意水準5％で検定せよ。

サイコロの目	1	2	3	4	5	6	計
実　現　値	5	7	5	6	7	6	36回
理　論　値	6	6	6	6	6	6	36回

（解）i の目が出る確率を p_i とする。

　帰無仮説　$H_0 : p_1 = p_2 = p_3 = p_4 = p_5 = p_6 = 1/6$

　有意水準　$\alpha = 0.05$

$$\chi^2 = \Sigma \frac{(実現値 - 理論値)^2}{理論値} = \frac{(5-6)^2}{6} + \frac{(7-6)^2}{6} + \cdots\cdots + \frac{(6-6)^2}{6}$$

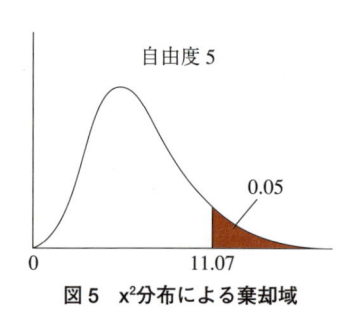

$= 0.68$

自由度 $6-1=5$ の χ^2 分布の表を引いて，
$\chi_0^2 = \chi_5^2(0.05) = 11.07.$,
棄却域は $W = \{\chi^2 | \chi^2 \geq 11.07\}$,
$0.68 \notin W$ だから，帰無仮説は捨てられない．サイコロは均質でないとは言えない．

図5 χ^2 分布による棄却域

(例10) 6ケ所の特別養護老人ホームの入所者は，施設によって心疾患者数にバラツキがある．偶然なのか，環境によるものか検定せよ．

	A	B	C	D	E	F	計
心疾患	9	11	13	10	8	9	60人
理論値	10	10	10	10	10	10	60人

(解) 帰無仮説　H_0：施設に差がない．

有意水準　$\alpha = 0.05$

$$\chi^2 = \frac{(9-10)^2}{10} + \frac{(11-10)^2}{10} + \frac{(13-10)^2}{10} + \cdots\cdots = 1.60$$

$\chi_0^2 = \chi_{0.05}^2(5) = 11.07$

棄却域は $W = \{\chi^2 | \chi^2 \geq 11.07\}$,

$1.60 \notin W$

それで H_0 は棄却できない．施設に差があるとは言えないから，偶然によると判断せざるを得ない．

(例11) χ^2 分布による独立性検定

A, B地域で貧血者を調べたところ，次の表を得た．地域で貧血の状況は異なるか．有意水準5％で検定せよ．

(解) 帰無仮説　H_0：地域差なし．

有意水準　$\alpha = 0.05$

4. いろいろな検定法

	貧血	非貧血	計
地域 A	30	80	110
地域 B	48	92	140
計	78	172	250

	貧血	非貧血	計
地域 A	a	b	n_1
地域 B	c	d	n_2
計	m_1	m_2	N

$$\chi^2 = \frac{(|ad-bc|-N/2)^2 \times N}{n_1 \cdot n_2 \cdot m_1 \cdot m_2} = \frac{(|30\cdot92-80\cdot48|-125)^2 \cdot 250}{110 \cdot 140 \cdot 78 \cdot 172}$$
$$\fallingdotseq 1.10$$

一般に $k \times l$ 分割表の自由度は $(k-1) \times (l-1)$ であるから，上の表の場合の自由度は $(2-1) \times (2-1) = 1$ である．数表を引いて $\chi_{0.05}^2(1) = 3.84$．棄却域は $W = \{\chi^2 | \chi^2 \geq 3.84\}$，$1.10 \notin W$ だから，H_0 は棄却できない．地域差があるとは言えない．

[注] この例の χ^2 の計算は，$\sum$(観測度数-理論度数)^2/理論度数になっていない．この式は**イエーツの補正式**という．理論度数は下の表

	貧血	非貧血	計
A 地域	$n_1 m_1/N$	$n_1 m_2/N$	n_1
B 地域	$n_2 m_1/N$	$n_2 m_2/N$	n_2
計	m_1	m_2	N

で示される．それで

$$\chi^2 = \frac{(a-n_1 m_1/N)^2}{n_1 m_1/N} + \frac{(b-n_1 m_2/N)^2}{n_1 m_2/N} + \frac{(c-n_2 m_1/N)^2}{n_2 m_1/N}$$
$$+ \frac{(d-n_2 m_2/N)^2}{n_2 m_2/N}$$

$$= \frac{(Na-n_1m_1)^2}{n_1m_1N} + \frac{(Nb-n_1m_2)^2}{n_1m_2N} + \frac{(Nc-n_2m_1)^2}{n_2m_1N} + \frac{(Nd-n_2m_2)^2}{n_2m_2N}$$

$$= \frac{(ad-bc)^2}{n_1m_1N} + \frac{(ad-bc)^2}{n_1m_2N} + \frac{(ad-bc)^2}{n_2m_1N} + \frac{(ad-bc)^2}{n_2m_2N}$$

$$= \frac{(ad-bc)^2[n_1m_2+n_2m_1+n_1m_2+n_1m_2]}{n_1n_2m_1m_2N}$$

$$= \frac{(ad-bc)^2N}{n_1n_2m_1m_2}$$

が正式の χ^2 の式である．この例の数値を代入すると，$\chi^2=1.411$ となり，$1.411 \notin W$ となり，やはり H_0 は棄却される．

　総度数 $N>50$ の場合の場合は上の方式で検定する．$N<50$ で，少なくとも1つの枠の中の理論度数が5以下の場合には，この方式は使わない．例えば

	貧血	非貧血	計
A地域	5	10	15
B地域	2	13	15
計	7	23	30

	貧血	非貧血	計
A地域	3.5	11.5	15
B地域	3.5	11.5	15
計	7	13	30

左表が実測値の表，右が理論度数の表とする．貧血のカテゴリーの部分で5以下の数値が出てくるので，χ^2 検定は適用できない．直接に確率を求めて行う**フィッシャーの直接確率法**を使う．まず計の欄の周辺度数を固定して枠の中の数値を動かし，どれかを0にするように変形する．

$$\begin{array}{c|c} 5 & 10 \\ \hline 2 & 13 \end{array} \qquad \begin{array}{c|c} 6 & 9 \\ \hline 1 & 14 \end{array} \qquad \begin{array}{c|c} 7 & 8 \\ \hline 0 & 15 \end{array}$$

上の3つの表について

$$\frac{n_1!n_2!m_1!m_2!}{N!}\left(\frac{1}{f_{11}!f_{12}!f_{21}!f_{22}!}\right)$$

を求めて加える；ただし $f_{ij}=n_im_j/N$ である．計算すると

$$T = \frac{15!15!7!23!}{30!}\left(\frac{1}{5!10!2!13!} + \frac{1}{6!9!1!14!} + \frac{1}{7!8!0!15!}\right) = 0.195$$

4. いろいろな検定法

2倍して両側の確率に直して，$0.195 \times 2 = 0.390 > \alpha$ となって帰無仮説は棄却できない．この方法は正確ではあるが，階乗や時には対数計算も必要になり，面倒である．それで実際にはイエーツの補正で χ^2 を計算して判断する方が多い．

(例12) 二項検定の応用

福祉サービスの利用者に援助者がサービスを提供（介入，intervention）することにより，サービス前後で効果があったかどうか検定する．例えば，施設で孤独な高齢者や児童にサロン対話やゲームを通して，積極的に対話を支援する場合に2通りの方法がある．（現実には他の要因，経験，人柄，動機づけ，物的環境，倫理問題などが交絡して，それらを除去することは難しいが．）

①集団的比較実験計画（comparative group experimental design）

対象者
（等質グループに分ける）
- 介入グループ（介入・援助あり）
- 統制グループ（介入・援助なし）

結果に差があるか否か二項検定に掛ける．

医学系では，上のグループを「曝露」，「患者」，「投薬」，「実験」，「処置」の群；下のグループを「非曝露」，「対照」，「制御」の群という．

②単一（個体）事例実験計画，擬似実験計画（single case experimental design, quasi experimental design）

この方法は心理学の行動療法から福祉の分野に入ってきたもので，1つの事例について毎日測定する．ランダムにするために

　(A)(B)(A), (A)(B)(A)(B), ……

などのように組合わせることがある．①も②も本質的にはおなじなので，②について考える．例えば

$$\frac{対話をよくした日(6日)}{対話の少ない日(6日)} \quad 介入後 \quad \frac{対話をよくした日(8日)}{対話の少ない日(4日)}$$

に変化したとすると

　　帰無仮説　H_0：介入による差なし，

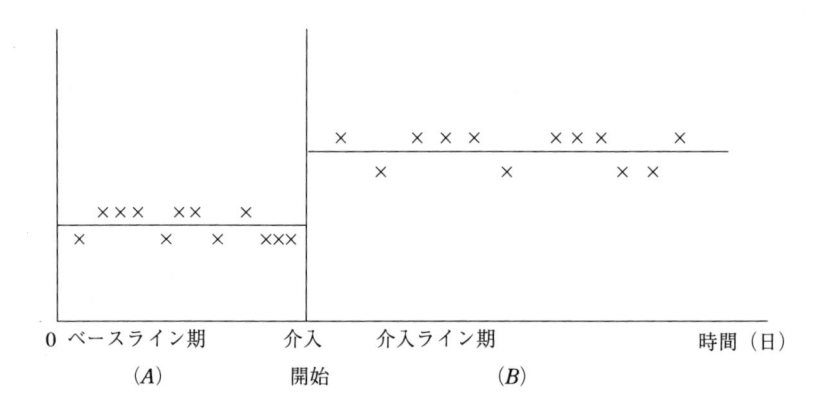

```
                                    × ××× ×××    ×
                            ×      ×        ×    ××
              ××× ××  ×
              ×     ×  ×   ×××

     0  ベースライン期    介入   介入ライン期           時間（日）
         (A)         開始         (B)
```

有意水準　$\alpha=0.05$，
対話をよくするか，少なくするかの可能性は半々とし，よく対話した日数を確率変数 X として

$$Pr\{X \leq 8\} = \sum_{x=0}^{8} {}_{12}C_x (0.5)^x (0.5)^{12-x} \fallingdotseq 0.927 > \alpha$$

計算した確率は5％以内に納まらない．帰無仮説は棄却されない．つまり差があったとは言えない．
　[注] これらの実験計画は157頁の「一元配置分散分析」の応用である．

　以上の検定例では，現実に母集団の分布ははっきりしていた．次に紹介するのは，測定も難しく，データもごく僅かな情報（分類別や順序など）しか分からない場合の例に簡単に利用できる**ノンパラメトリック法**（Non parametric method）という．
(例13) 順位和によるマン・ホイットニーの U 検定
　この検定は母集団の分布の形を仮定しない．
　A 標本(m 個)：$X_1, X_2, \cdots, X_m$ が分布 $f(x)$ に従うとする．
　B 標本(n 個)：$Y_1, Y_2, \cdots, Y_n$ が分布 $g(x)$ に従うとする．
　帰無仮説　$H_0 : f(x) = g(x)$，2つの分布が等しい．
　有意水準　$\alpha=0.05$

4. いろいろな検定法

A, Bの標本の区別なしにデータを小さいものから順に並べる．例えば

<u>8.1</u>　<u>8.5</u>　8.7　<u>9.5</u>　10.3　11.6　13.5　15.0　<u>18.1</u>　<u>20.5</u>　21.7　<u>22.1</u>

というデータが並べられるとする．下線を引いたのはA標本，そうでないのはB標本のデータである．A標本のデータの順位の和

$$T = 1+2+4+9+10+12 = 38$$

を統計量として計算する．両方の分布が離れると，統計量 T は大きくなる．

$$Pr\{T \leq c_1\} + Pr\{T \geq c_2\} = \alpha$$

として，棄却域 W は，$c_1 < c_2$ と仮定して

$$W = \{T \mid T \leq c_1, \text{ または } T \geq c_2\}$$

と定める．順位和検定表から $m=6$, $n=6$ とおくと

　　下側 2.5% 点は $c_1 = 26$

　　上側 2.5% 点は $c_2 = m(m+n+1) - 26 = 52$

棄却域は $W = \{T \mid T \leq 26 \text{ または } T \geq 52\}$, $38 \notin W$ だから，H_0 は棄却できない．分布に差があるとは言えない．

［注］これは**ウィルコクソン検定**と本質的に同じものである．

(例14) 相関係数 r の検定

標本相関係数 r の分布は，母相関係数 R の大きさと標本の大きさにより

　　$|r| < 0.75$, $n < 50$　ならば自由度 $n-2$ の t 分布

　　$|r| < 0.75$, $n \geq 50$　ならば正規分布

で近似されるので，検定できる．また，

　　$|r| \geq 0.75$ ならば，z 変換を行って正規分布近似

して検定する．z 変換により歪んだ分布を使いやすい正規分布に直してしまう．

　$r = 0.6$, $n = 27$, $\alpha = 0.05$ のとき，$R = 0$ を検定せよ．

　　帰無仮説　$H_0 : R = 0$

　　有意水準　$\alpha = 0.05$

統計量 t は

$$t = \frac{r}{\sqrt{(1-r^2)/(n-2)}} = \frac{0.6}{\sqrt{(1-0.36)/25}} = 3.75$$

一方，自由度 25 の t 分布表で，$t_{25}(0.025) = 2.06$ が分かる．棄却域は

$$W = \{t \mid |t| > 2.06\}$$

である．$3.75 \in W$ であるから，H_0 は棄却される．

5. 多重比較

　今まで2つの対象母集団を比較してきた（2標本問題）が，同時に3つ以上の平均を比較したいときがある．本来，3つ以上の母平均の比較（k標本問題）には，第10章で説明する分散分析の一元配置法によるのが基本的だが，t 分布を利用し，逐次組み合わせて差を検定する方法がある．これを**多重比較**という．式で書くと

　　　母平均　$\mu_1 = \mu_2 = \mu_3 = \cdots\cdots$　　（分散分析法）
　　　母平均　$\mu_1 = \mu_2,\ \mu_2 = \mu_3,\ \mu_3 = \mu_4,\ \cdots\cdots$　（t 分布利用の逐次検定）

(例15) ある児童の握力を測定するため，3期にわたり，各期5回ずつ繰り返し測定したところ，下表の通りであった．A, B, C 期の握力に差があるか否か，検定せよ．有意水準は5％とする．

	1	2	3	4	5	平均
A 期	13	12	14	11	10	12.0 kg
B 期	10	15	13	13	11	12.4 kg
C 期	14	11	10	13	13	12.2 kg
					計	36.6 kg

　帰無仮説　H_0：A 期と B 期に差はない．
　有意水準　$\alpha = 0.05$
次の表を作る．

表 $(x_{ij} - 12)$

1	0	2	-1	-2	0
-2	3	1	1	-1	2
2	-1	-2	1	1	1
					3

因子　表 $(x_{ij} - 12)^2$

T_1	1	0	4	1	4	10
T_2	4	9	1	1	1	16
T_3	4	1	4	1	1	11
						37

総変動 $SS = \sum_i \sum_j (x_{ij}-12)^2 - \{\sum_i \sum_j (x_{ij}-12)\}^2/n$
$= 37 - 3^2/15 = 37 - 0.6 = 36.4$

因子 A の変動 $S_A = \sum_i T_i^2/l - \{\sum_i \sum_j (x_{ij}-12)\}^2/n$
$= (2^2+1^2)/5 - 3^2/15 = 1 - 0.6 = 0.4$

自由度 $= N = k \times l = 3 \times 5 = 15$, $\phi = N - 1 = 14$,
$\phi_A = k - 1 = 2$, $\phi_E = \phi - \phi_A = 14 - 2 = 12$

変動誤差 $S_E = SS - S_A = 36.4 - 0.4 = 36$,
誤差不偏分散 $V_E = S_E/\phi_E = 36/12 = 3$,

$$t = \frac{|A\text{の平均} - B\text{の平均}|}{\sqrt{2V_E/\text{反復数}\ l}} = \frac{|12.0 - 12.4|}{\sqrt{2 \times 3/5}} \fallingdotseq 0.36$$

一方, $t_{12}(0.025) = 2.179$. それで棄却域は $W = \{t \mid |t| > 2.179\}$,
$0.36 \notin W$

それで H_0 は棄却されない. A と B の間に差があるとは言えない.

同様にして, B と C, A と C を比較して行くが, 練習問題としておく.

〈寸言3〉 検定を行う前提

新薬ができると, 患者も医者もそれと知らされない状態で効果測定（二重盲検）をし, 客観的に評価しようとする. 一方は新薬を飲むグループで処理群, 実験群と呼ばれ, 他方は偽薬（プラセーボ, placebo）が投与されるグループで対照群, 統制群と呼ばれる2つのグループに分けられる.

また, 福祉施設で心理効果やサービス効果を評価するのに, 実験群すなわち介入援助サービス・グループと介入しない（または別の介入をする）グループに分け, 時系列で観察し, 異なる変化を検定したり, 相関を求めたりする. このような方法は「集団間比較実験計画法」と呼ばれる. また同一グループに対して, ある時点から介入を行い, 介入前後の変化を検定することもあり, これを「単一事例実験計画法」というが, 本質的な考えは二項検定と同じである.

しかし, 薬の実験, 介入サービスの検定については, 治療やサービスの信頼を裏切る倫理上の問題がないよう十分配慮すべきである.

〈寸言4〉 **ベイズの公式**

　癌を診断するための検査法（例えば，腫瘍マーカー）があるとしよう．被検査者は癌である事象を C，検査結果で被検査者が癌である（検査結果が陽性になる）事象を A とする．$Pr(A|C)=0.95$, $Pr(A^c|C^c)=0.95$ とあれば，検査法は一応信頼できるものとしよう．検査を受ける人のなかで，実際に癌に罹る確率が $Pr(C)=0.005$ であるとき，患者の検査結果が陽性であるとき癌である確率 $Pr(C|A)$ はいかほどか調べてみよう．

$C \cup C^c = \Omega$ である．$A = A \cap \Omega = A \cap (C \cup C^c)$
$\qquad = (A \cap C) \cup (A \cap C^c)$

から

$Pr(A \cap C) = Pr(A) Pr(C|A)$
$Pr(A) = Pr(A \cap C) + Pr(A \cap C^c)$
$\qquad = Pr(C) Pr(A|C) + Pr(C^c) Pr(A|C^c)$

となる．それで

$$Pr(A|C) = \frac{Pr(A \cap C)}{Pr(A)}$$
$$= \frac{Pr(C) Pr(A|C)}{Pr(C) Pr(A|C) + Pr(C^c) Pr(C^c) Pr(A|C^c)}$$
$$= \frac{0.95 \times 0.005}{0.95 \times 0.005 + 0.05 \times 0.995} = \frac{95}{1090} = 0.872$$

この公式は**ベイズの公式**という．

　検査の信頼性が 0.95 ではなく，

$Pr(A|C) = Pr(A^c|C^c) = R, (0 < R < 1)$

だったとしよう．$Pr(C)=0.005$ は変わらないとして，$Pr(C|A) \geq 0.95$ 以上にしようとすると，

$$Pr(C|A) = \frac{R \times 0.005}{R \times 0.005 + (1-R) \times 0.995} \geq 0.95$$

これを解くと，$R \geq 895.5/896 = 0.9995$ でなければならない．

　ある人が癌かどうかは不明だし，通常の生活では癌に罹る可能性は低い

が，検査をすると，段違いに癌が身近になる．検査前は，癌に罹っているか否かは無知の状態だったのが，検査することで格段の相違が生じ，病気に対する心構えも違ってくる．また，検査の精度が向上すると，ますます癌診断の正確さが増大する．「癌でなかろうか」という事前の情報が修正され，検査という事後情報で，予想が更新（update）される．このようなプロセスを**ベイズ更新**という．

この考え方は日常の判断過程とよく適合しており，医療診断・薬効・人工衛星・リモートセンシングなどに用いられ，新しく入る情報を高めてくれる．この立場の理論は**ベイズ統計学**といわれる．**トマス・ベイズ**（Thomas Bayes；1702－1761）は長老派の牧師で，この考え方を発見した人であるが，その後ラプラスにより「原因の確率」として利用されるようになったのである．

問 題 8

1. 仮説検定について正しいものはどれか．
    a．有意差が認められた場合には帰無仮説を棄却する．
    b．有意水準は一般に 0.5％ が用いられる．
    c．両側検定を行わなければならない．
    d．第二種の過誤とは採用した仮説が誤っている場合である．
    1.（a，b），　2.（a，d），　3.（b，c），　4.（c，d）

    （保健師，第 85 回）

    ［答．2．b．は内容により 5％，1％ になる．c．は内容により対立仮説の立て方で決まる．］

2. 学校で昨年までの実績から生物を好む生徒は 18.5％，その標準偏差は 2.4％ だった．本年度に入った生徒より 24 人を選んで聴いたところ 21％ が好むと回答した．本年度の生徒は特に生物を好む者が多いと言えるか．ただし分散は同じとする．

    ［答．正規分布検定において，$\alpha=0.05$ で帰無仮説は棄却．好みは

変化している．]

3. 愛用しているインスタント・コーヒー100g中のカフェインは母平均 $\mu=1.3$ gの正規分布に従う．母分散は不明である．製造方法を変えたため，標本 $n=50$ 個を取り出して調べると，標本平均 $x=1.38$ ，標本分散 $s^2=0.06$ であった．カフェインの量は変化したか検定せよ．

　　　[答．H_0：母平均は不変，として t 検定を行うと，有意水準5％で H_0 は棄却される．]

4. 2つの母集団からそれぞれ10人の標本を抽出して，収縮期血圧の平均を求めたところ 125.4 mmHg と 152.3 mmHg であった．検定を行ったが，統計学的に有意な差はなかった．この結果の解釈で正しいのはどれか．
　a．2つの母集団では差がないことが証明された．
　b．標本サイズを大きくすれば有意差が観察される可能性がある．
　c．偶然に観察された結果であることは否定できない．
　d．標本の平均の差が十分大きいことが明らかである．
　1．(a, b)，2．(a, d)，3．(b, c)，4．(c, d)

(保健師，第87回)

　　　[答．3．標本の差が母集団の差とは言えないからa．は駄目．d．も十分大きいとは言えない．]

5. 標本サイズが1000人の2つの集団で血清総コレステロール値の平均を比較した．
　集団 A では 215.6 mg/dl，集団 B では 218.4 mg/dl で，有意水準5％で統計学的に有意な差であった．この解釈で最も合理的なものはどれか．
　1．統計学的に有意な差なので，集団Bに対する保健活動が重要である．
　2．共に正常範囲なので，両集団ともに保健活動はない．
　3．医学的には差が小さく，集団ごとに異なる保健活動を行う必要はない．
　4．さらに有意水準を上げるために，標本サイズを大きくする必要がある．

(保健師，第88回)

　　　[答．3．(医学上の対応は単に統計的処理だけとは限らない．1．と 2．は統計的には有意差だが，A，B ともに正常範囲での高値，両

者とも保健活動が必要なので×．4．統計的に結果が出ているので必要なし．]

6．2×2分割表に基づくカイ2乗検定について正しいのはどれか．
 (1) 連続性の補正（イェーツの補正）をする．
 (2) 2群の平均値の差の検定をする．
 (3) 周辺度数が100未満のときには使えない．
 (4) 自由度は2である． (保健師，第84回)
  [答．1．（カイ2乗検定は質的検定であり，χ^2分布は連続なので，その偏りを補正しなければならない．周辺度数は30以上，各項は5以下でなければよい．自由度は$(2-1)\times(2-1)=1$]

7．75才以上の在宅高齢者を介入群と対照群に割り付け，対照群には通常の保健サービスを提供し，介入群には通常の保健サービスに加えて年4回の訪問を行うこととした．表は3年間の分析結果である．

項目	介入群	対照群	検査結果
A．入院延べ日数	4894日	6442日	$p<0.01$
B．特別養護老人ホームの入所者数	40人	40人	有意差なし
C．死亡者数	56人	75人	有意差なし
D．訪問看護を利用した実人数	116人	106人	有意差なし
E．ホームヘルパーを利用した実人数	46人	29人	$p<0.05$
F．ホームヘルパーの平均利用回数	10.9回	9.3回	$p<0.05$

($n=283$)($n=290$)

DとEに共通した検査方法はどれか．
 (1) χ^2（カイ）2乗検定
 (2) F検定
 (3) t検定
 (4) U検定 (保健師，第87回)
  [答．1．χ^2検定は質的データで順序がない時使用，F検定は分散の検定に使用．t検定は母分散未知のときの母平均の差の検定．U検定は2つの母集団の分布形が不明のまま，2つの標本の要素の大

小順位のみ利用し，両分布が等しいか否か検定するマン・ホイットニー検定のこと．］

8. サイコロを54回投げて出た目は下の表の通りであった．サイコロは均質か検定せよ．

出た目	1	2	3	4	5	6
実現回数	11	9	7	12	8	7

［答．$\chi^2 = \sum(実現値-理論値)^2/理論値 = 2.444$，$\chi_5^2(0.05) = 11.07$．］
「H_0：サイコロは均質である」は棄却されない．］

第九章　時系列分析

1. 時系列とは

　時間を横軸にとり，観測された現象データの大きさを縦軸にとったものを**時系列データ**（time series data）という．（図 1）は 1942 年から 1999 年までの我が国の主要農産物の収穫高の推移を示すもので，それぞれの作物の各年ごとの収穫高が折れ線で繋げられている．

　時間は観測状況により離散的な場合と，連続的な場合とがある．離散的な場合は，（図 1）の生産高とか，スーパーの日々の売上高，ある学校の年度

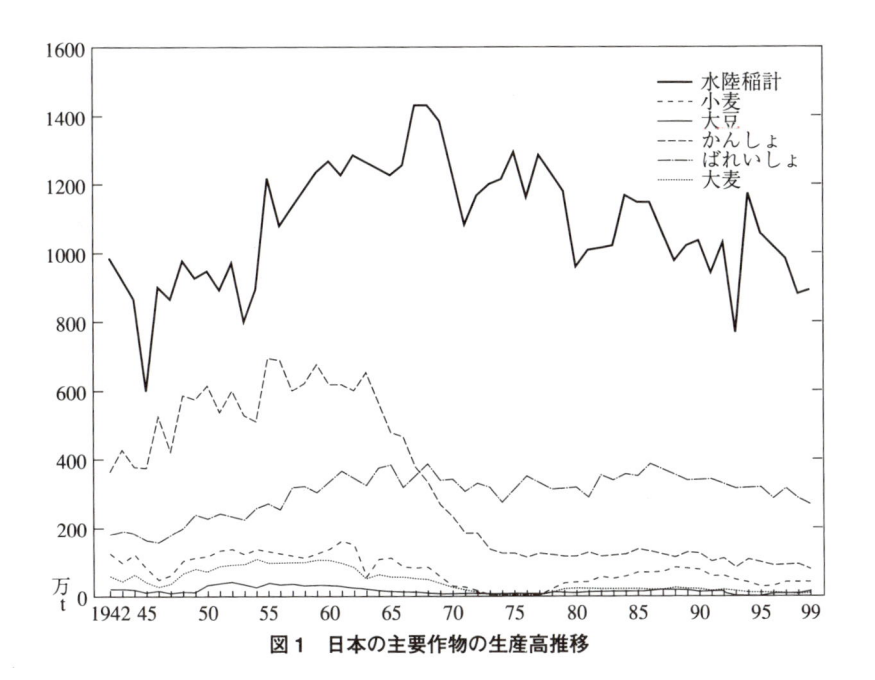

図 1　日本の主要作物の生産高推移

別卒業者数などである．連続的な場合は，自動温度計による気温の変化を示すグラフなどがあげられる．

時間を固定すれば，空間的な広がり（分布）をもつデータが得られ，**横断的データ**（cross sectional data）という．例えば，ある学校での現在の学年別生徒数のデータ―，ある病院での現在の心臓病患者のデータなどである．

［注］①疫学や福祉系では，ある特定の危険な因子（risk factor）を探り出すために（例えば，ある地域の65才以上の男子老人の糖尿病因子）患者群と対照群に分け，各々の群で因子を持つ人の比率を比較し，発症機序や予防に役立てる．時系列に沿って，現時点より見て

(1) 過去のデータにより「後向き」に観察する場合を**症例（患者）・対照研究**（case control study）という．

(2) 将来のデータにより「前向き」に観察する場合を**コーホート研究**（cohort study）という．

	暴露群（前向き） 患者群（後向き）	対照群
因⊕	a	b
子⊖	c	d

であるとき，

$$\frac{相対発生率（前向き）}{オッズ比（後向き）} = \frac{ad}{bc}$$

が，1のときは差なし；1より大きいと危険因子あり；1より小さいと抑制因子がある．因みにコーホートとはローマの兵団のことを指す．

②煙草は健康に害があることが分かっているので，煙草を禁止（行動変容）させる群と対照群とを時系列に結果を比較して，その介入の効果を測定する場合**介入疫学**（interventional epidemiology）という．（ただし，この場合同意を得るという倫理上の配慮が必要である．139頁参照）

③特定の（場合によって典型の）症例について，時系列に（所々クロスセクションで）聴取，調査し記述した体系を**事例研究**（case study）という．例えば，症例ファイル，福祉事務所や児童相談所のケースファイルなどである．

2. 平滑化

（図2）は1955年から1993年までの消費者物価と卸売物価の対前年比を，時系列のグラフで示したものである．このグラフを眺めてみると，上昇または下降する場合（**トレンド**（trend）をもつという），周期的に波動する場合（周期変動，歴史は繰り返す），突然に変化する場合（季節変動や戦乱など突発事件で起こる）があるが，いずれにしても大局的な動向を見出すことが分析目的である．そのための最も簡単な方法をいくつか紹介しよう．

時系列データ $x_1, x_2, \ldots, x_n$ において，相続くいくつかの項の平均値を順々に計算して，それらの値を傾向変動値とみなす．例えば

$m_1 = (x_1 + x_2 + x_3)/3, \quad m_2 = (x_2 + x_3 + x_4)/3, \quad m_3 = (x_3 + x_4 + x_5)/3, \cdots$ を計算し，それぞれを $x_2, x_3, x_4, \cdots$ の値の代わりに傾向変動値とする．

すると，元のジクザグした系列をある程度滑らかにできる．

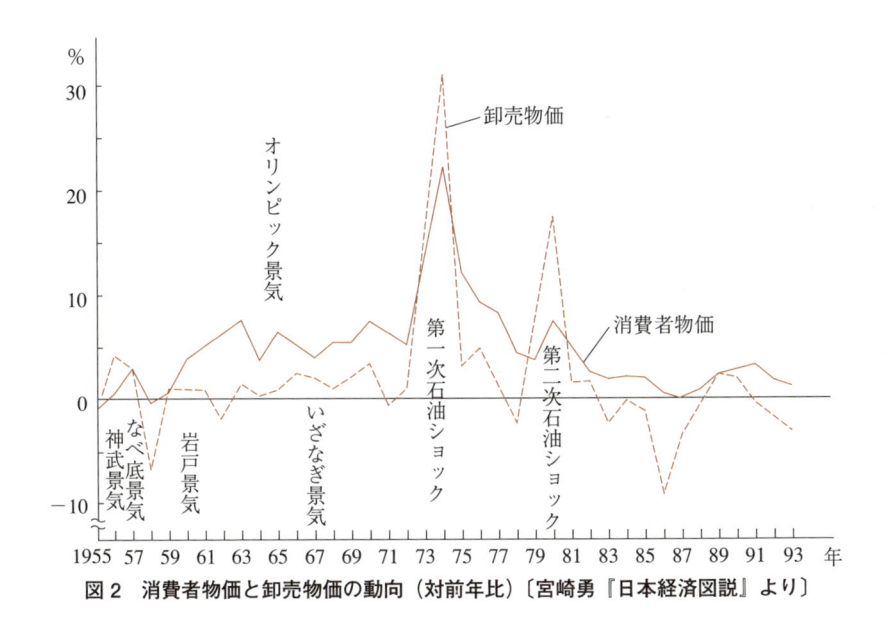

図2　消費者物価と卸売物価の動向（対前年比）〔宮崎勇『日本経済図説』より〕

(例1)

年①	半導体製造個数②	移動総計③	移動平均④
1985	38		
1986	43	118	39.3
1987	47	144	48.0
1988	54	158	52.7
1989	57	171	57.0
1990	60	182	60.7
1991	65	179	59.7
1992	54	173	57.7
1993	54	167	55.7
1994	59	181	60.3
1995	68	190	63.3
1996	63	207	69.0
1997	76	213	71.0
1998	74	234	78.0
1999	84		

上の表は我が国の1985年から15年間の半導体素材の生産個数（単位は10億個）の統計である．1985年分から3年分ずつを集めた移動総計と移動平均を③④の欄に計算してある．

このような時系列データの変化を滑らかにすることを**平滑化**（smoothing）という．代表的な平滑化の方法は**移動平均**（moving average）による方法である．(例1) は3項移動平均による平滑化であった．4項移動平均の平滑化では，移動平均値は 2.5, 3.5, 4.5, …… においてとる．

長期的傾向を知るには，平滑化の他に，あらかじめ傾向を予測しておいて
① 1次直線　　$y = at + b$
② 2次曲線　　$y = at^2 + bt + c$
③ 指数曲線　　$y = ae^{bt}$ （または $y = ae^{-bt}$）
④ ロジスティック曲線　　$y = k/(1 + ae^{bt})$, （a, b, k はパラメタ）

などの曲線を当てはめる．(図3) の破線は最小二乗法によりデータに当てはめた回帰直線である．

2. 平滑化

図3 年度別半導体素材の生産量

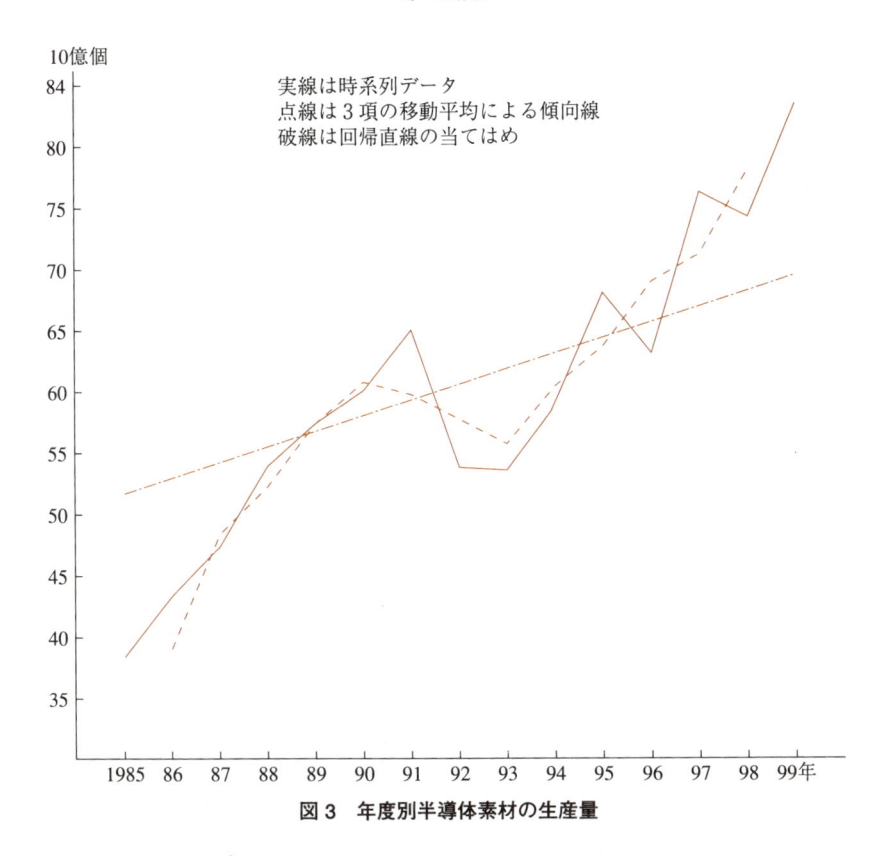

実線は時系列データ
点線は3項の移動平均による傾向線
破線は回帰直線の当てはめ

横軸に年 x をとり，縦軸に半導体素子個数 y をとると

$E(X)=1992, \ E(Y)=60.27,$

$V(X)=56/3, \ \text{cov}(X,Y)=1049/15$

から

$y-60.27=1.25(x-1992)$

これが破線の方程式である．

［注］時系列データは時間とともに変化するので

$X_{t+1}=X_t+\varepsilon_t, \varepsilon_t$ は誤差変動

と表すことができる．こう表現すると**確率過程**（stochastic process）モデ

ルとして取り扱われる．そのとき，曲線（直線）当てはめは過去のデータの値の上に回帰していく確率モデルとなり，**自己回帰過程**（auto-regression process）のモデルと呼ばれる．

3. 自己相関係数

景気変動や周期的に変化する気象変動，周期的に起きる病状などのデータの動きは，小さな誤差変動を除くと，波動（sin や cos の関数として）が現れる．ある時点での変量 x_t と，遅れ（lag）h を伴う x_{t+h} との相関係数を**自己相関係数**（autocorrelation coefficient）という．

データ $x_1, x_2, \dots, x_n$ がある．一時点だけずらした $(x_1, x_2), (x_2, x_3), \dots, (x_{n-1}, x_n)$ から相関係数

$$r_1 = \frac{\sum_{i=1}^{n-1}(x_i - \bar{x})(x_{i+1} - \bar{x})/(n-1)}{V(X)}$$

を**遅れ 1 の自己相関係数**という．さらに

$$r_h = \frac{\sum_{i=1}^{n-h}(x_i - \bar{x})(x_{i+h} - \bar{x})/(n-h)}{V(X)}$$

を**遅れ h の自己相関係数**という．横軸に自然数 i，縦軸に自己相関係数 r_i をとって，点 (i, r_i) をプロットし，それらの点を折れ線で結んだ図を**コレログラム**（correlogram）という．

（例 2）農産物の価格指数の前月からの増減を 1 年間調べたら

$-7.4, \quad 4.2, \quad 12.5, \quad 20.0, \quad 19.9, \quad 14.3,$
$-1.8, \quad -15.2, \quad -8.6, \quad 0.2, \quad -1.2, \quad 11.2$

（単位は％）であった．平均 $\bar{x} = 4.0$，分散 $V(X) = 122.6283$．

$r_1 = 0.650, \quad r_2 = 0.082, \quad r_3 = -0.384, \quad r_4 = -0.881,$
$r_5 = -0.573, \quad r_6 = -0.155, \quad r_7 = 0.351, \quad r_8 = 0.424,$
$r_9 = 0.281, \quad r_{10} = 0.247, \quad r_{11} = 0.669$

（図 4）の上は（例 2）の時系列データのプロット，下はそのデータの自己

3. 自己相関係数

図 4 （例 2 ）の時系列データのプロットとそのコレログラム

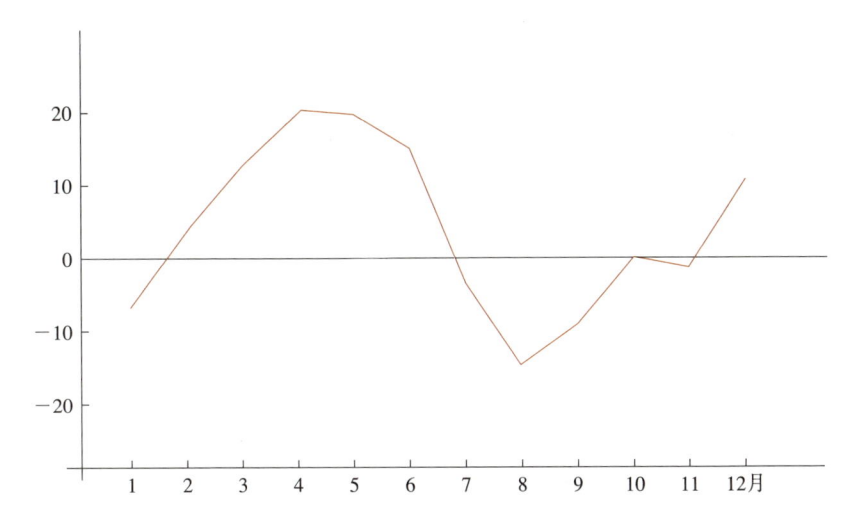

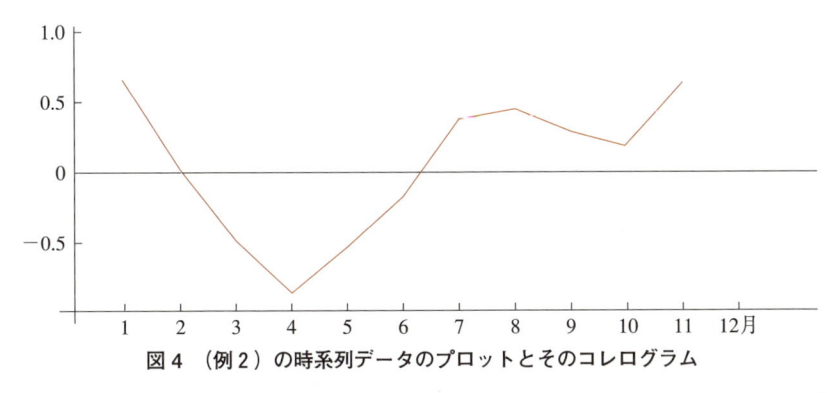

相関係数のコレログラムを表す．年末と春先に農作物の価格は上昇し，真夏に下落する．自己相関係数は $h=11$ で最大になり，$h=4$ で最小になる．このことは毎年循環していることを示している．

問 題 9

1. 疾病の発生要因への曝露状態を変えて，危険因子がどの程度疾病の発生に関与しているかを明らかにする研究はどれか．
   - (1) 患者対照研究
   - (2) コーホート研究
   - (3) 介入研究
   - (4) 横断的研究

   (保健師，第86回)

   [答．3]

2. 症例（患者）対照研究とコーホート研究の特徴で正しいのはどれか．

項目	症例(患者)対照研究	コーホート研究
a. まれな疾患への適用性	適用できる	適用困難
b. 関連性を表す統計量	オッズ比	罹患率比
c. 母集団の要因寄与危険	推定できる	推定できない
d. 研究結果の信頼性	大きい	小さい

   - (1) a, b
   - (2) a, d
   - (3) b, c
   - (4) c, d

   (保健師，第87回)

   [答．1．]

3. データは1928年から1940年までの我が国における電線出荷実績を示す．
   - (1) 電線販売高の時系列データをグラフ用紙にプロットせよ．
   - (2) 回帰直線を求めよ．
   - (3) 3項移動平均を求め，傾向線を描け．
   - (4) 自己相関係数を求め，コレログラムを描け．

   [答．(2) $y = 2.7t + 70.5$]

年次	販売高(単位は千屯)
1928	60.4
1929	68.0
1930	52.8
1931	46.0
1932	61.8
1933	75.0
1934	59.5
1935	70.0
1936	81.5
1937	98.3
1938	81.5
1939	80.3
1940	81.1

第十章　分散分析法

1. 一元配置分散分析法

　個数がそれぞれ i 個（あるいは $n_1, n_2, \cdots, n_i$ と違っていてもよい）である k 組のデータがある．組の間に平均の差があるけれども，各組のバラツキの差があまりないものを**一元配置のデータ** (one way lay-out data) という．

　さて，k 組のデータは，分散が同一の k 個の正規母集団 $N(\mu_i, \sigma^2)$ から無作為に抽出されたものと仮定する．バラツキの原因となるものを**因子** (factor)，因子が指定した条件を**水準** (level) という．

　例えば，k 人が n 回テストを受けたとする．この場合，因子は人間，水準は一人一人の人間である．n 回テストを受けることは，n 回繰り返し処理することに相当する．結果のデータは次のように整理できる．

	1	2	3	……	n	平均	母集団
A_1	x_{11}	x_{12}	x_{13}	……	x_{1n}	$\bar{x}_1$	$N(\mu_1, \sigma^2)$
A_2	x_{21}	x_{22}	x_{23}	……	x_{2n}	$\bar{x}_2$	$N(\mu_2, \sigma^2)$
……							
A_k	x_{k1}	x_{k2}	x_{k3}	……	x_{kn}	$\bar{x}_k$	$N(\mu_k, \sigma^2)$

ここで

$T_i = \sum_{j=1}^{n} x_{ij}$　　（横第 i 行の和）

$\bar{x}_i = T_i / n$　　（第 i 水準の平均）

$T = \sum_{i=1}^{k} T_i$　　（総和）

$\bar{x} = T / kn$　　（平均）

と定める．さらに

$$\sum_{i=1}^{k}\sum_{j=1}^{n}(x_{ij}-\bar{x})^2 = \sum_{i=1}^{k}\sum_{j=1}^{n}(x_{ij}-\bar{x}_i)^2 + \sum_{i=1}^{k}n(\bar{x}_i-\bar{x})^2$$

を

全変動＝級内変動＋級間変動

と名付ける．いま a を任意の定数（仮想平均）とすると，級内変動と級間変動はそれぞれ次のような形に変形される．

$$\text{級間変動 } S_2 = \sum_{i=1}^{k}\{\sum_{j=1}^{n}(x_{ij}-a)\}^2/n - \{\sum_{i=1}^{k}\sum_{j=1}^{n}(x_{ij}-a)\}^2/kn$$

$$\text{級内変動 } S_1 = \sum_{i=1}^{k}\sum_{j=1}^{n}(x_{ij}-a)^2 - \sum_{i=1}^{k}\{\sum_{j=1}^{n}(x_{ij}-a)\}^2/n$$

実際の計算には，S_1，S_2 の式を用いる．

(例1) 4つの学級 I，II，III，IV において，100点満点の試験を5回ずつ行なって，各々平均点が下の表のようになった．4つの学級の平均点の間に差があるか．有意水準 0.05 として検定せよ．

組＼回	1	2	3	4	5
I	68	75	69	65	74
II	60	64	65	68	63
III	67	73	66	68	69
IV	69	68	72	67	65

帰無仮説　H_0：学級の平均差はない．

因子は一つで，水準は I，II，III，IV の4つである．従って，5回繰り返しの一元配置の分散分析になる．そこで，級内分散 S_1 と級間分散 S_2 を計算する．計算を簡単化するため，仮想平均を $a=60$ とする．$x_{ij}-60, (x_{ij}-60)^2$ は次頁の表で示されている．

$$\text{級内変動 } S_2 = (194+474+286+202+311)$$
$$-(2601+400+1849+1681)/5$$
$$= 1467-6531/5 = 160.8$$
$$\text{級間変動 } S_1 = (2601+400+1849+1681)/5 - (51+20+43+41)^2/20$$

1. 一元配置分散分析法

	1	2	3	4	5	計
I	8 (64)	15 (225)	9 (81)	5 (25)	14 (196)	51 (2601)
II	0 (0)	4 (16)	5 (25)	8 (64)	3 (9)	20 (400)
III	7 (49)	13 (169)	6 (36)	8 (64)	9 (81)	43 (1849)
IV	9 (81)	8 (64)	12 (144)	7 (49)	5 (25)	41 (1681)
計	《194》	《474》	《286》	《202》	《311》	155 (6531) 《1467》

$$= 6531/5 - (155)^2/20 = 104.95$$

総変動 $S = S_1 + S_2 = 104.95 + 160.8 = 265.75$

これらの数値を次のような表(**分散分析表**)にまとめる.

因子	平方和	自由度	不偏分散	分散比
S_1	$S_1 = 104.95$	$k-1 = 3$	$S_1/3 = 34.98$	
S_2	$S_2 = 160.8$	$N-k = 16$	$S_2/16 = 10.05$	$F = 34.98/10.05$
S	$S = 265.75$	19		$= 3.48$

F 分布表で

$$F(3, 16 ; 0.05) = 3.24$$

棄却域は $W = \{F | F \geq 3.24\}$, $3.48 \in W$

それで仮説 H_0 は棄却される.つまり学級の平均差はある.

[注]一元配置法は一因子の水準ごとに実験を繰り返すだけで,一つの因子以外のことは全く誤差の中に放りこんでいる.しかし,誤差を少なくするために,条件ごとに(例えば日時,土地,気温など)繰り返しを厳密に纏めて,

できるだけランダムに配置していけば，次の二元配置法に発展して行く．

2. 二元配置分散分析法

2つの因子A，Bがあって，Aはk通りの水準，Bはn通りの水準があるとする．実験結果は下の表の通りとする．

A B	B_1	B_2	……	B_n	計	平均値
A_1	x_{11}	x_{12}	……	x_{1n}	$T_{1.}$	$\bar{x}_{1.}$
A_2	x_{21}	x_{22}	……	x_{2n}	$T_{2.}$	$\bar{x}_{2.}$
			……			
A_k	x_{k1}	x_{k2}	……	x_{kn}	$T_{k.}$	$\bar{x}_{k.}$
計 平均値	$T_{.1}$ $\bar{x}_{.1}$	$T_{.2}$ $\bar{x}_{.2}$	$T_{.n}$ $\bar{x}_{.n}$		T	$\bar{x}$

$$T_{i.} = \sum_{j=1}^{n} x_{ij}, \qquad T_{.j} = \sum_{i=1}^{k} x_{ij}, \qquad T = \sum_{i=1}^{k} T_{i.} = \sum_{j=1}^{n} T_{.j}$$

$$\bar{x}_{i.} = T_{i.}/n, \qquad \bar{x}_{.j} = T_{.j}/k, \qquad \bar{x} = T/kn$$

という記法を導入して

$$\sum_i \sum_j (x_{ij} - \bar{x})^2 = \sum_i \sum_j (x_{ij} - \overline{x_{i.}} - \overline{x_{.j}} + \bar{x})^2$$
$$+ n \sum_i (\overline{x_{i.}} - \bar{x})^2 + k \sum_j (\overline{x_{.j}} - \bar{x})^2$$

となる．この式の左辺を**全変動**（SS），右辺の第1項，第2項，第3項をそれぞれ**誤差変動**（S_E），**行間変動**（S_R），**列間変動**（S_C）という．

因子Aに差がないという帰無仮説に対する検定統計量は

$$F = \frac{\text{行間変動}}{k-1} \bigg/ \frac{\text{全変動}}{(k-1)(n-1)}$$

が自由度$k-1$，$(k-1)(n-1)$のF分布に従うことを利用すればよい．

(例2) 4種類の食用豚Ⅰ，Ⅱ，Ⅲ，Ⅳに対し，3種類の飼料A，B，Cを与えて，次のような体重増加の表が得られた．
体重の増加は

2. 二元配置分散分析法

飼料＼豚種	I	II	III	IV	計	平均
A	7.5	16.0	10.5	13.5	47.0	11.75
B	14.0	15.5	15.0	21.0	65.5	16.375
C	8.5	16.5	9.5	13.5	48.0	12.0
計	29.5	48.0	35.0	48.0	160.5	
平均	9.83	16.0	11.67	16.0		13.375

（i）豚の種類に関係があるか．
（ii）飼料の種類に関係があるか．
有意水準5％で検定せよ．
（解）帰無仮説 H_0：行（飼料）についても，列（豚）についても水準差はない．

$$SS = \sum_i \sum_j (x_{ij} - \bar{x})^2 = 170.0625,$$
$$S_R = n\sum_i (\overline{x_{i.}} - \bar{x})^2 = 4 \times 13.53125 = 54.1250,$$
$$S_C = k\sum_j (\overline{x_{.j}} - \bar{x})^2 = 3 \times 29.24306 = 87.7292,$$

それで誤差変動 $S_E = SS - S_R - S_C = 28.2083$

$$F = \frac{S_R/(k-1)}{S_E/(k-1)(n-1)} = \frac{54.1250/2}{28.2083/6} = 5.7563$$

これらの値を分散分析表で表すと

因子	平方和	自由度	不偏分散	分散比
行間	$S_R = 54.1250$	$k-1=2$	$S_R/(k-1)=27.06$	$(n-1)S_R/S_E$ =5.76
列間	$S_C = 87.7292$	$n-1=3$	$S_C/(n-1)=29.24$	
誤差	$S_E = 28.2083$	2×3	$S_E/(k-1)(n-1)=4.70$	$(k-1)S_C/S_E$ =6.22
全変動	$SS = 170.0625$	$kn-1=11$		

　行間については，$F(2,6;0;05) = 5.14 < 5.76$
同様に
　列間についても，$F(3,6;0;05) = 4.76,$ 一方
　　$F = (k-1)S_C/S_E = 2 \times 87.7292/28.2083 = 6.22$

となって，各々の仮説は棄却され，2つの因子の水準の間には差があった．

これらの例が示すように，分散（2乗の世界）が独立な各要素の平方和に分解される．それで標本からの2つの独立な分散の比により，各標本が同一平均の母集団から抽出されたものか否かを F 分布を使って検定できる．この手法を**分散分析法**（analysis of variance ; ANOVA）という．これは統計学者 R. A. フイッシャー（R. A. Fisher）が 1919 年ロザムステッド農事試験場に就職して，開拓して行った手法である．

問 題 10

1. 3つのロット（製品の一山）A，B，C から各5個ずつ無作為に製品を抽出し，ある特性値を測定したら，下の表のようになった．ロット間に特性値の差はないと考えてよいか．

ロット　製品番号	1	2	3	4	5
A	2.2	2.2	1.9	2.1	2.0
B	2.5	1.4	1.5	0.9	2.4
C	2.5	2.8	2.2	2.4	2.7

［答．級間変動 $S_1=1.53$，級内変動 $S_2=2.19$，全変動 $S=3.72$，
$F=S_1/2 \div S_2/12=4.18$，$F(2, 12 ; 0.05)=3.89$ だから，ロットの間の差はある．］

2. 分散分析を行うのに，各測定値に1次変換を施しても，結果は同じであることを示せ．

　　［答．x_{ij} を $ax_{ij}+b=y_{ij}$ と1次変換すると分散の性質から $S(Y)=a^2S(X)$ である．それで
$$F=\frac{S_R(X)/(k-1)}{S_E(X)/(k-1)(n-1)}=\frac{a^2S_R(Y)/(k-1)}{a^2S_E(Y)/(k-1)(n-1)}$$
］

3. ある合成反応において，反応温度と触媒の種類が合成物の収量に影響す

るかどうか調べるため，反応温度を 140° から 200° まで 4 水準とし，触媒を 3 種類用いてランダムに実験を行なった．その結果

反応温度　触媒	B_1	B_2	B_3
$A_1(140°)$	71	75	67
$A_2(160°)$	78	81	79
$A_3(180°)$	80	86	78
$A_4(200°)$	77	83	72

のようなデータを得た．仮想平均 $a=77$ とおいて，データを変換し，触媒間に差があるか，否か検定せよ．また反応温度が収量に影響しているか，否かも検定せよ．

　　　［答．いずれも有意水準 5％で有意差あり．］

第十一章　多変量解析法

1. 基本的な考え方

多くの特性をもつ現象は，それぞれの特性の観測データの組として提示される．ある現象 Y（従属変数）が n 個の変数 $x_1, x_2, \cdots, x_n$（独立変数）で説明されるとき，**線形モデル**

$$Y = a_1 x_1 + a_2 x_2 + \cdots + a_n x_n + \varepsilon$$

によって表現される；つまり誤差 ε はあるものの，Y が $x_1, x_2, \cdots, x_n$ の重み付き1次形式で説明されることを意味する．**非線形モデル**

$$Y = F(x_1, x_2, \cdots, x_n) + \varepsilon$$

であっても，対数をとることによって線形モデルに変換することができる場合もある．一見複雑な関数形に見えても，よくデータの構造を精査してみると，簡単なものに変えることができる．

2. 重回帰分析

最も広い用途をもち，理論体系もしっかりしている解析方法である．1変量の単回帰分析は既に述べた．

それで2変量の場合の線形重回帰モデルを考察しよう．

$$y_1 = \beta_0 + \beta_1 x_{11} + \beta_2 x_{12} + \cdots + \beta_r x_{1r} + \varepsilon_1$$
$$y_2 = \beta_0 + \beta_1 x_{21} + \beta_2 x_{22} + \cdots + \beta_r x_{2r} + \varepsilon_2$$
$$\cdots\cdots\cdots\cdots$$
$$y_n = \beta_0 + \beta_1 x_{n1} + \beta_2 x_{n2} + \cdots + \beta_r x_{nr} + \varepsilon_n$$

をベクトルと行列で表現すると

2. 重回帰分析

$$\begin{pmatrix} y_1 \\ y_2 \\ \vdots \\ y_n \end{pmatrix} = \begin{pmatrix} 1 & x_{11} & x_{12} & \cdots & x_{1r} \\ 1 & x_{21} & x_{22} & \cdots & x_{2r} \\ & & \cdots\cdots\cdots & & \\ & & \cdots\cdots\cdots & & \\ 1 & x_{n1} & x_{n2} & \cdots & x_{nr} \end{pmatrix} \begin{pmatrix} \beta_0 \\ \beta_1 \\ \vdots \\ \beta_r \end{pmatrix} + \begin{pmatrix} \varepsilon_1 \\ \varepsilon_2 \\ \vdots \\ \varepsilon_n \end{pmatrix}$$

となる．これを

$$\boldsymbol{y} = \boldsymbol{X\beta} + \boldsymbol{\varepsilon}$$

と表現すると，簡潔で見やすい形になる．ベクトルや行列の転置したものを $\boldsymbol{X}^t$, $\boldsymbol{\varepsilon}^t$ などと書く．つまり横行を縦列に直す．そして

$$\boldsymbol{\varepsilon}^t \boldsymbol{\varepsilon} = (\boldsymbol{y} - \boldsymbol{X\beta})^t (\boldsymbol{y} - \boldsymbol{X\beta}) \equiv S$$

を最小にするような各 β の値は

$$\widehat{\boldsymbol{\beta}} = (\boldsymbol{X}^t \boldsymbol{X})^{-1} \boldsymbol{X}^t \boldsymbol{y}$$

によって求められる．

(例1) 無作為に5世帯を抽出して，貯蓄額 Y，所得 X，資産 W のデータを得た．単位は100万円である．

世帯	貯蓄額 Y	所得 X	資産 W
A	0.6	8	12
B	1.2	11	6
C	1.0	9	6
D	0.7	6	3
E	0.3	6	18

X と W に関する Y の重回帰式を求めよ．誤差ベクトル ε を求めよ．

(解) 所得の平均8，資産の平均9をとり，Y と $X-8$，$W-9$ の重回帰式を求めたい．

$$X^t y = \begin{pmatrix} 1 & 1 & 1 & 1 & 1 \\ 0 & 3 & 1 & -2 & -2 \\ 3 & -3 & -3 & -6 & 9 \end{pmatrix} \begin{pmatrix} 0.6 \\ 1.2 \\ 1.0 \\ 0.7 \\ 0.3 \end{pmatrix} = \begin{pmatrix} 3.8 \\ 2.6 \\ -6.3 \end{pmatrix}$$

$$X^t X = \begin{pmatrix} 1 & 1 & 1 & 1 & 1 \\ 0 & 3 & 1 & -2 & -2 \\ 3 & -3 & -3 & -6 & 9 \end{pmatrix} \begin{pmatrix} 1 & 0 & 3 \\ 1 & 3 & -3 \\ 1 & 1 & -3 \\ 1 & -2 & -6 \\ 1 & -2 & 9 \end{pmatrix} = \begin{pmatrix} 5 & 0 & 0 \\ 0 & 18 & -18 \\ 0 & -18 & 144 \end{pmatrix}$$

線形代数の本(例えば『大道を行く高校数学(代数・幾何編)』参照)によって,3行3列の行列の逆行列を掃き出し法で求めると

$$(X^t X)^{-1} = \begin{pmatrix} 1/5 & 0 & 0 \\ 0 & 8/126 & 1/126 \\ 0 & 1/126 & 1/126 \end{pmatrix}$$

$$(X^t X)^{-1}(X^t y) = \begin{pmatrix} 1/5 & 0 & 0 \\ 0 & 8/126 & 1/126 \\ 0 & 1/126 & 1/126 \end{pmatrix} \begin{pmatrix} 3.8 \\ 2.6 \\ -6.3 \end{pmatrix} = \begin{pmatrix} 0.76 \\ 0.1151 \\ -0.0294 \end{pmatrix}$$

それで

$$Y = 0.76 + 0.1151(X-8) - 0.0294(W-9)$$
$$= 0.1038 + 0.1151 X - 0.0294 W$$

この重回帰式に X, W のデータを代入して計算すると

$$\hat{y} = \begin{pmatrix} 0.672 \\ 1.193 \\ 0.963 \\ 0.706 \\ 0.795 \end{pmatrix}, \quad \varepsilon = \hat{y} - y = \begin{pmatrix} 0.072 \\ -0.007 \\ -0.037 \\ 0.006 \\ 0.495 \end{pmatrix}$$

となる.ここで,所得800万円,資産500万円の世帯の貯蓄額は

$$y = 0.1038 + 0.1151 \times 8 - 0.0294 \times 5 = 0.8776$$

つまり 87.76 万円と推測される．

このような重回帰式は，例えば

　　　年令（才），血圧（mmHg），肺活量（mℓ）

　　　身長（cm），体重（kg），ボール投げ（m），握力（kg）

の間の関係式として求められる．3 つの変量の間の重回帰式は 3 次元空間において，データの分布の中心（重心；平均で表現）を通る平面で，各データ点からの距離が最小であるようなものの平面の方程式を表す．

3. 主成分分析

ある結果が多数の変量によって構成されているとき，できるだけ少ない主たる成分指標にまとめて代表させ，しかも情報をできるだけ失わないようにして，全体の変動を見ていこうとする手法が**主成分分析**（principal component analysis）である．これを例題をもって説明しよう．

(例 2) 10 人の生徒の数学と英語の評価を 10 点満点で表現したものが次の表である．

生徒	A	B	C	D	E	F	G	H	I	J	計
数学 X	2	1	2	3	5	4	8	6	7	4	42
英語 Z	3	4	2	2	4	4	5	3	6	5	38

$$\sum X^2 = 224, \quad \sum Z^2 = 160, \quad \sum XZ = 176$$

から

$\bar{X} = 4.2, \qquad \bar{Z} = 3.8$

分散　　$V(X) \equiv s_{11} = 22.4 - 4.2^2 = 4.76$

　　　　$V(Z) \equiv s_{22} = 16.0 - 3.8^2 = 1.56$

共分散 $\mathrm{cov}(X, Z) \equiv s_{12} = 17.6 - 4.2 \times 3.8 = 1.64$

X 変量（数学の成績）のバラツキが Z 変量（英語の成績）のバラツキの 3 倍近くある．バラツキに大小のある 2 つの変量を一つの合成変量として表現

するには，バラツキの大きい変量の方に大きな重みをおく必要がある．まず，分散・共分散行列は

$$\begin{pmatrix} 4.76 & 1.64 \\ 1.64 & 1.56 \end{pmatrix}$$

である．この行列の固有値 λ を求める．

$$\begin{vmatrix} 4.76-\lambda & 1.64 \\ 1.64 & 1.56-\lambda \end{vmatrix} = 0.$$

から，固有方程式は

$$\lambda^2 - 6.32\lambda + 4.736 = 0.$$

これを解いて，$\lambda_1 = 5.4512$，または $\lambda_2 = 0.8688$

$\lambda_1 = 5.4512$ のときの固有ベクトル e_1 は

$$\begin{pmatrix} 4.76 & 1.64 \\ 1.64 & 1.56 \end{pmatrix} \begin{pmatrix} x \\ y \end{pmatrix} = 5.4512 \begin{pmatrix} x \\ y \end{pmatrix}$$

$$x^2 + y^2 = 1$$

を満たす x, y を求めればよい．$x = 0.921$, $y = 0.388$；

$\lambda_2 = 0.8688$ のときの固有ベクトル e_2 は

$$\begin{pmatrix} 4.76 & 1.64 \\ 1.64 & 1.56 \end{pmatrix} \begin{pmatrix} x \\ y \end{pmatrix} = 0.8688 \begin{pmatrix} x \\ y \end{pmatrix}$$

$$x^2 + y^2 = 1$$

を満たす x, y を求めればよい．$x = 0.388$, $y = -0.921$．

$$e_1 = \begin{pmatrix} 0.921 \\ 0.388 \end{pmatrix}, \quad e_2 = \begin{pmatrix} 0.388 \\ -0.921 \end{pmatrix}$$

これらのベクトルを基軸にもつ合成変量

$$Y_1 = 0.921X + 0.388Z$$

$$Y_2 = 0.388X - 0.921Z$$

をそれぞれ**第一主成分**，**第二主成分**という．$V(Y_1) = \lambda_1$，$V(Y_2) = \lambda_2$ であることを以下で証明しよう．

$$V(Y) = \sum (y_i - \bar{y})^2 / n$$
$$= \sum \{a_1(x_i - \bar{x}) + a_2(z_i - \bar{z})\}^2 / n$$

3. 主成分分析

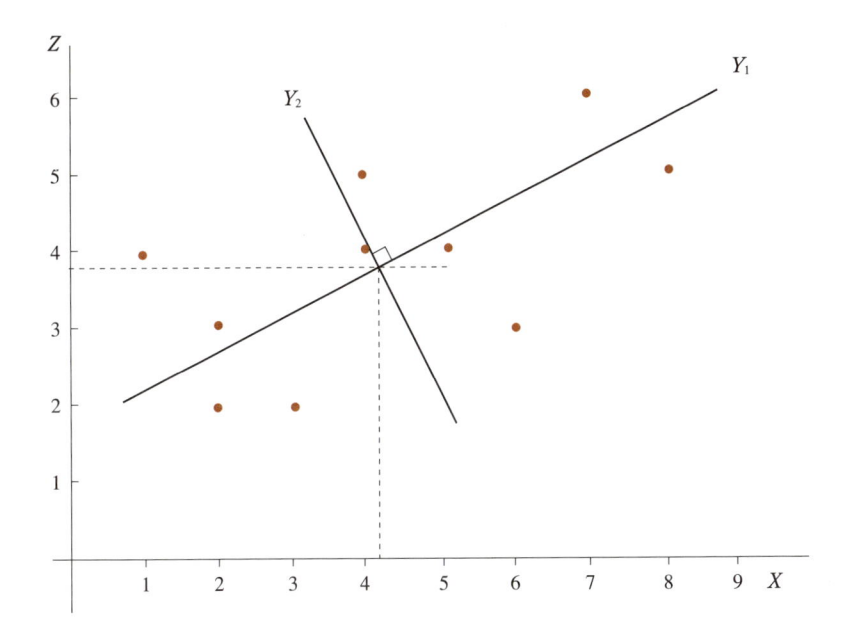

$$= a_1^2 s_{11} + 2a_1 a_2 s_{12} + a_2^2 s_{22}$$

そこで，λ をラグランジュの不定乗数とし

$$F = a_1^2 s_{11} + 2a_1 a_2 s_{12} + a_2^2 s_{22} - \lambda(a_1^2 + a_2^2 - 1)$$

とおく．

$$\partial F / \partial a_1 = 2a_1 s_{11} + 2a_2 s_{12} - 2\lambda a_1 = 0, \tag{1}$$

$$\partial F / \partial a_2 = 2a_1 s_{12} + 2a_2 s_{22} - 2\lambda a_2 = 0, \tag{2}$$

$$\partial F / \partial \lambda = -(a_1^2 + a_2^2 - 1) = 0 \tag{3}$$

(1)(2)から連立方程式

$$(s_{11} - \lambda) a_1 + s_{12} a_2 = 0 \tag{4}$$

$$s_{12} a_1 + (s_{22} - \lambda) a_2 = 0 \tag{5}$$

を得る．これらが 0 でない解 a_1, a_2 をもつためには

$$\begin{vmatrix} s_{11} - \lambda & s_{12} \\ s_{12} & s_{22} - \lambda \end{vmatrix} = 0$$

でなければならない．固有方程式

$$\lambda^2 - (s_{11}+s_{22})\lambda + s_{11}s_{22} - s_{12}{}^2 = 0$$

において，2 根 λ_1, λ_2 の和と積は

$$\lambda_1 + \lambda_2 = s_{11} + s_{22} > 0$$

$$\begin{aligned}\lambda_1\lambda_2 &= s_{11}s_{22} - s_{12}{}^2 \\ &= s_{11}s_{22}(1 - s_{12}{}^2/s_{11}s_{22}) = s_{11}s_{22}(1-r^2) > 0\end{aligned}$$

（ただし，r は変量 X と Z の相関係数である）

となるから，固有根はともに正根である．固有根 λ に対して(1)(2)(3)を満たす a_1, a_2 は固有ベクトルの要素になる．さらに固有ベクトルに対し

$$\begin{aligned}V(Y) &= a_1(a_1 s_{11} + a_2 s_{12}) + a_2(a_1 s_{12} + a_2 s_{22}) \\ &= a_1\lambda a_1 + a_2\lambda a_2 = \lambda(a_1{}^2 + a_2{}^2) = \lambda\end{aligned}$$

となるから，合成変量の分散を最大にするものは，上の例では Y_1 である．さらに第一主成分と第二主成分は直交する（無相関である）．

4．判別分析

我々は日常的に物品を整理したり同定したりする際，分類を行なう．データに対しても，それらから白黒判定したり，合格判定をする際，境界の線引きをすることで分類を行なう．そんな線引きの方法を例示しよう．

人名	癌の判定	検査I, X	検査II, Y	
A	○	3	2	
B	○	4	1	
C	○	2	2	I群
D	○	2	3	
E	○	4	5	
F	×	4	4	
G	×	5	8	
H	×	3	6	II群
I	×	6	7	
J	×	5	4	

4. 判別分析

(**例3**) 癌検査を2種類受けた10人のうち，半数が癌と判別された．その結果は前頁の表の通りである．

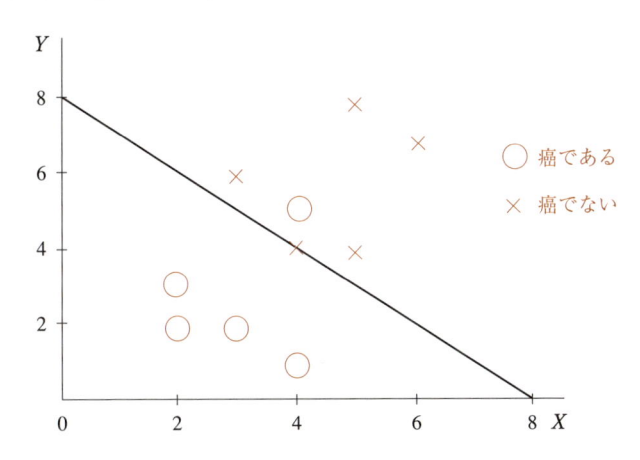

検査結果 (X, Y) をプロットしたものを下図に示す．

		検査 I	検査 II
平均	I 群	$\bar{x}_{1(1)}=3.0$	$\bar{x}_{2(1)}=2.6$
	II 群	$\bar{x}_{1(2)}=4.6$	$\bar{x}_{2(2)}=5.8$
分散	I 群	$v_{1(1)}=0.8$	$v_{2(1)}=1.84$
	II 群	$v_{1(2)}=1.04$	$v_{2(2)}=2.56$
共分散	I 群		$s_{12(1)}=0.2$
	II 群		$s_{12(2)}=0.52$

癌（I群）と非癌（II群）の間に線引きをしたい．そこで線引きした直線の方程式を $a_1X+a_2Y+a_0=0$ とおく．係数 a_1, a_2, a_0 は

$$S_{11}a_1+S_{12}a_2=\bar{x}_{1(1)}-\bar{x}_{1(2)}$$
$$S_{21}a_1+S_{22}a_2=\bar{x}_{2(1)}-\bar{x}_{2(2)}$$

を満たす．ここで S_{11}, S_{22}, S_{12} は2つの群の分散と共分散の加重平均を表す．それで

$$S_{11}=(5\times0.8+5\times1.04)/10=0.92,$$

$S_{22} = (5 \times 1.84 + 5 \times 2.56)/10 = 2.2$,
$S_{12} = (5 \times 0.2 + 5 \times 0.52)/10 = 0.36$

これらの数値を上の連立方程式に代入すると

$0.92a_1 + 0.36a_2 = -1.6$
$0.36a_1 + 2.20a_2 = -3.2$

これを解くと，$a_1 = a_2 = -2.16$ を得る．a_0 は

$-2a_0 = a_1(\bar{x}_{1(1)} + \bar{x}_{1(2)}) + a_2(\bar{x}_{2(1)} + \bar{x}_{2(2)})$
$= -2.16(7.6 + 8.4) = -2.16 \times 16$

から，$a_0 = 2.16 \times 8$ を得る．それで線引きした直線の方程式は

$-2.16X - 2.16Y + 2.16 \times 8 = 0$
$X + Y = 8$

を得る．関数

$Z = X + Y - 8$

を**線形判別関数**（linear discriminant function）という．検査結果の数値を X と Y に代入して，$Z > 0$ ならば癌，$Z < 0$ ならば癌でないと判定する．

(例4) A大学の受験生の成績は正規分布 $N(70, 18^2)$ に，一方B大学の受験生の成績は $N(45, 14^2)$ に従う．ある受験生の模擬試験の結果は60点であった．いずれの大学に進学すべきか？ 安全性を考えればB大学だが，A大学の合格可能性もある．そこで

$$\textbf{マハラノビスの距離} = \frac{変量 - 変量分布の平均}{変量分布の標準偏差}$$

を考える．マハラノビスの距離が小さいほど，その分布に属する確率が高いといえる．そこで

A大学への距離 $= |60 - 70|/18 ≒ 0.55$
B大学への距離 $= |60 - 45|/14 ≒ 1.07$

マハラノビスの距離はA大学の方が近いから，A大学を受けると決める．

〈寸言5〉 統計学の応用にあたって

(1) 今日，統計的分析は社会科学，自然科学，医療，生態，福祉などあらゆる分野に用いられている．その最終目標はより単純で明確な情報を得るこ

4. 判別分析

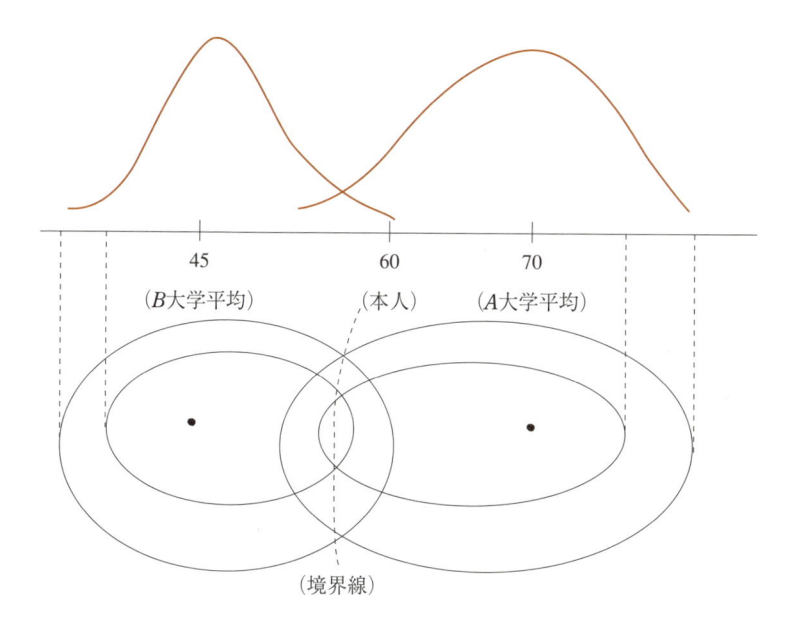

<figure>
45 (B大学平均)　60 (本人)　70 (A大学平均)

(境界線)
</figure>

とにある．よってそれに適した計画モデルが作られるべきである．しかしそのためには正確で適切なデータが用いられねばならない．データの質が信頼できないと，どんな優れた手法を用いようとも，結果は不正確な情報となる．

(2) 特に農事試験から始まった理想的なランダマイゼーション（無作為化）を前提としている分散分析や実験計画法は社会科学，とりわけ複雑な医療や福祉分野に用いるにはかなり無理をしてモデル化せねばならない．使用にあたっては十分議論されねばならない．

(3) 社会現象や医療・福祉などで起こる複雑な現象を，総体として表現するのに，多変量解析が用いられる．因果関係が複雑で，今までの方法では処理しにくいものを対象としているところに特色がある．コンピューターにより多次元であっても簡単に結果が得られるソフトがあるが，その適用の妥当性を十分吟味する必要がある．多変量解析の場合，もとのデータは標本であることを前提として解析する．現実には複雑すぎて，検定を避けていること

も忘れてはならない.

問 題 11

1. 次の表は施肥量 X と降雨量 Z が小麦収穫高 Y に及ぼす影響を示したものである. Y, X, Z の間の重回帰式を求めよ.

Y 小麦収穫高 (ブッシェル/エーカー)	X 施肥量 (100 ポンド/エーカー)	Z 降雨量 (10 インチ)
40	1	1
50	2	2
50	3	1
70	4	3
65	5	2
65	6	2
80	7	3

[答.

$$X^t y = \begin{pmatrix} 420 \\ 165 \\ -10 \end{pmatrix}, \quad X^t X = \begin{pmatrix} 7 & 0 & 0 \\ 0 & 28 & 7 \\ 0 & 7 & 4 \end{pmatrix},$$

$$(X^t X)^{-1} = \begin{pmatrix} 1/7 & 0 & 0 \\ 0 & 4/63 & -1/9 \\ 0 & -1/9 & 4/9 \end{pmatrix}, (X^t X)^{-1}(X^t y) = \begin{pmatrix} 60 \\ 730/63 \\ -205/9 \end{pmatrix}$$

より, $Y = 60 + 11.587(X-4) - 22.778(Z-2) = 59.208 + 11.587X - 22.778Z$]

2. $Y = X\beta + \varepsilon$ において, $\hat{\beta} = (X^t X)^{-1} X^t Y$ が $S = \varepsilon^t \varepsilon$ を最小にする値であることを次の順に証明せよ.

   (1) $\hat{\varepsilon} = Y - X\hat{\beta}$ とおくと, $X^t \hat{\varepsilon} = O$, $Y^t \hat{\varepsilon} = O$ であることを証明せよ.

   (2) β の仮の値を b とすると
   $$S(b) = (Y - Xb)^t (Y - Xb)$$

$$= (Y-X\hat{\beta})^t(Y-X\hat{\beta}) + (\hat{\beta}-b)^tX^tX(\hat{\beta}-b)$$

と表されることを証明せよ．

(3) $(\hat{\beta}-b)^tX^tX(\hat{\beta}-b)$ はベクトル $X(\hat{\beta}-b)$ の長さであることを証明せよ．

(4) $S(b)$ は $\hat{\beta}=b$ のとき，最小になることを証明せよ．

(5) ε の期待値は 0 になることを証明せよ．

(6) $\hat{\beta}$ は β 不偏推定量であることを証明せよ．

3．分散・共分散行列が

$$\begin{pmatrix} 5 & 2 \\ 2 & 2 \end{pmatrix}$$

であるとき，主成分 Y_1, Y_2 を決定せよ．

　　　　[答． $Y_1 = 2X/\sqrt{5} + Z/\sqrt{5}$, $Y_2 = X/\sqrt{5} - 2Z/\sqrt{5}$]

参考文献

(1) 東大教養学部統計学教室編『統計学入門』(東大出版, 1994年)
(2) 　　　同上　　『人文・社会科学の統計学』(同上)
(3) 　　　同上　　『自然科学の統計学』　　(同上)
(4) 林知己夫『データの科学』(朝倉書店, 2001年)
(5) 松原望『統計の考え方』(放送大学教育振興会, 2001年)
(6) 阿部剛久・佐久間三享『保健・医療・福祉系の統計学入門』(大竹出版, 1992年)
(7) 『社会福祉援助技術論』(中央法規, 2001年)
(8) 足立堅一『実践統計入門』(篠原出版新社, 2001年)
(9) 遠藤和男・山本正治『医統計テキスト』(西村書店. 1997年)
(10) 林文・山岡和枝『調査の実際』(朝倉書店, 2001年)
(11) 野中敏雄・笹井敏夫『確率・統計の演習』(森北出版, 1964年)
(12) 道脇義正ほか『応用数学例題演習』(コロナ社, 1968年)
(13) 国沢清典『確率統計演習；統計』(培風館, 1976年)
(14) 安藤洋美『多変量解析の歴史』(現代数学社, 1997年)
(15) 安藤洋美『最小二乗法の歴史』(現代数学社, 1995年)
(16) 橘謙・岸吉堯ほか『大道を行く高校数学(代数・幾何編)』(現代数学社, 2001年)
(17) 安藤洋美・山野熙『大道を行く高校数学(解析編)』(現代数学社, 2001年)
(18) 安藤洋美『大道を行く高校数学(統計数学編)』(現代数学社, 2001年)
(19) 菅民郎『多変量解析の実践, 上』(現代数学社, 1993年)
(20) 長屋政勝・金子治平・上藤一郎編『統計と統計理論の社会的形成』(北大図書刊行会, 1999年)
(21) R.A.ジョンソン－他, 西田俊夫訳『多変量解析の徹底研究』(現代数

学社, 1992 年)
(22) B.S. Everitt "Dictionary of Statistics" (Cambridge Univ. Press, 1998 年)
(23) M.G. Kendall "The Advanced Theory of Statistics" Vol. I, II (C. Griffin, 1958, 1961 年)
(24) D.C. Montgomery 他 "Applied Statistics and probability for Engineering" (J.Wiley, 2003 年)
(25) 蓑谷千凰彦『統計分布ハンドブック』(朝倉書店, 2003 年)

統計数値表

付表1　ポアッソン分布表
付表2　正規分布表
付表3　x^2 分布表
付表4　t 分布表
付表5　F 分布表（5％表）
付表6　F 分布表（2.5％表）
付表7　F 分布表（1％表）
付表8　z 変換表
付表9　マン・ホイットニー検定表
付表10　正規確率紙

付表1 ポアッソン分布表

$Pr\{X=x\} = \lambda^x e^{-\lambda}/x!$

x	λ										x
	0.1	0.2	0.3	0.4	0.5	0.6	0.7	0.8	0.9	1.0	
0	.904837	.818731	.740818	.670320	.606531	.548812	.496585	.449329	.406570	.367879	0
1	.090484	.163746	.222245	.268128	.303265	.329287	.347610	.359463	.365913	.367879	1
2	.004524	.016375	.033337	.053626	.075816	.098786	.121663	.143785	.164661	.183940	2
3	.000151	.001092	.003334	.007150	.012636	.019757	.028388	.038343	.049398	.061313	3
4	.000004	.000055	.000250	.000715	.001580	.002964	.004968	.007669	.011115	.015328	4
5	—	.000002	.000015	.000057	.000158	.000356	.000696	.001227	.002001	.003066	5
6	—	—	.000001	.000004	.000013	.000036	.000081	.000164	.000300	.000511	6
7	—	—	—	—	.000001	.000003	.000008	.000019	.000039	.000073	7
8	—	—	—	—	—	—	.000001	.000002	.000004	.000009	8
9	—	—	—	—	—	—	—	—	—	.000001	9

x	1.1	1.2	1.3	1.4	1.5	1.6	1.7	1.8	1.9	2.0	x
0	.332871	.301194	.272532	.246597	.223130	.201897	.182684	.165299	.149569	.135335	0
1	.366158	.361433	.354291	.345236	.334695	.323034	.310562	.297538	.284180	.270671	1
2	.201387	.216860	.230289	.241665	.251021	.258428	.263978	.367784	.269971	.270671	2
3	.073842	.086744	.099792	.112777	.125510	.137828	.149587	.160671	.170982	.180447	3
4	.020307	.026023	.032432	.039472	.047067	.055131	.063575	.072302	.081216	.090224	4
5	.004467	.006246	.008432	.011052	.014120	.017642	.021615	.026029	.030862	.036089	5
6	.000819	.001249	.001827	.002579	.003530	.004705	.006124	.007809	.009773	.012030	6
7	.000129	.000214	.000339	.000516	.000756	.001075	.001487	.002008	.002653	.003437	7
8	.000018	.000032	.000055	.000090	.000142	.000215	.000316	.000452	.000630	.000859	8
9	.000002	.000004	.000008	.000014	.000024	.000038	.000060	.000090	.000133	.000191	9
10	—	.000001	.000001	.000002	.000004	.000006	.000010	.000016	.000025	.000038	10
11	—	—	—	—	—	.000001	.000002	.000003	.000004	.000007	11
12	—	—	—	—	—	—	—	—	.000001	.000001	12

x	2.1	2.2	2.3	2.4	2.5	2.6	2.7	2.8	2.9	3.0	x
0	.122456	.110803	.100259	.090718	.082085	.074274	.067206	.060810	.055023	.049787	0
1	.257159	.243767	.230595	.217723	.205212	.193111	.181455	.170268	.159567	.149361	1
2	.270016	.268144	.265185	.261268	.256516	.251045	.244964	.238375	.231373	.224042	2
3	.189012	.196639	.203308	.209014	.213763	.217572	.220468	.222484	.223660	.224042	3
4	.099231	.108151	.116902	.125409	.133602	.141422	.148816	.155739	.162154	.168031	4
5	.041677	.047587	.053775	.060196	.066801	.073539	.080360	.087214	.094049	.100819	5
6	.014587	.017448	.020614	.024078	.027834	.031867	.036162	.040700	.045457	.050409	6
7	.004376	.005484	.006773	.008255	.009941	.011836	.013948	.016280	.018832	.021604	7
8	.001149	.001508	.001947	.002477	.003106	.003847	.004708	.005698	.006827	.008102	8
9	.000268	.000369	.000498	.000660	.000863	.001111	.001412	.001773	.002200	.002701	9
10	.000056	.000081	.000114	.000158	.000216	.000289	.000381	.000496	.000638	.000810	10
11	.000011	.000016	.000024	.000035	.000049	.000068	.000094	.000126	.000168	.000221	11
12	.000002	.000003	.000005	.000007	.000010	.000015	.000021	.000029	.000041	.000055	12
13	—	.000001	.000001	.000001	.000002	.000003	.000004	.000006	.000009	.000013	13
14	—	—	—	—	—	.000001	.000001	.000001	.000002	.000003	14
15	—	—	—	—	—	—	—	—	—	.000001	15

付表 2　正規分布表

$$z \to I(z) = \frac{1}{\sqrt{2\pi}} \int_0^z e^{-\frac{x^2}{2}} dx$$

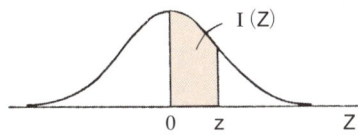

z	0.00	0.01	0.02	0.03	0.04	0.05	0.06	0.07	0.08	0.09
0.0	0.00000	0.00399	0.00798	0.01197	0.01595	0.01994	0.02392	0.02790	0.03188	0.03586
0.1	0.03983	0.04380	0.04776	0.05172	0.05567	0.05962	0.06356	0.06749	0.07142	0.07535
0.2	0.07926	0.08317	0.08706	0.09095	0.09483	0.09871	0.10257	0.10642	0.11026	0.11409
0.3	0.11791	0.12172	0.12552	0.12930	0.13307	0.13683	0.14058	0.14431	0.14803	0.15173
0.4	0.15542	0.15910	0.16276	0.16640	0.17003	0.17364	0.17724	0.18082	0.18439	0.18793
0.5	0.19146	0.19497	0.19847	0.20194	0.20540	0.20884	0.21226	0.21566	0.21904	0.22240
0.6	0.22575	0.22907	0.23237	0.23565	0.23891	0.24215	0.24537	0.24857	0.25175	0.25490
0.7	0.25804	0.26115	0.26424	0.26730	0.27035	0.27337	0.27637	0.27935	0.28230	0.28524
0.8	0.28814	0.29103	0.29389	0.29673	0.29955	0.30234	0.30511	0.30785	0.31057	0.31327
0.9	0.31594	0.31859	0.32121	0.32381	0.32639	0.32894	0.33147	0.33398	0.33646	0.33891
1.0	0.34134	0.34375	0.34614	0.34850	0.35083	0.35314	0.35543	0.35769	0.35993	0.36214
1.1	0.36433	0.36650	0.36864	0.37076	0.37286	0.37493	0.37698	0.37900	0.38100	0.38298
1.2	0.38493	0.38686	0.38877	0.39065	0.39251	0.39435	0.39617	0.39796	0.39973	0.40147
1.3	0.40320	0.40490	0.40658	0.40824	0.40988	0.41149	0.41309	0.41466	0.41621	0.41774
1.4	0.41924	0.42073	0.42220	0.42364	0.42507	0.42647	0.42785	0.42922	0.43056	0.43189
1.5	0.43319	0.43448	0.43574	0.43699	0.43822	0.43943	0.44062	0.44179	0.44295	0.44408
1.6	0.44520	0.44630	0.44738	0.44845	0.44950	0.45053	0.45154	0.45254	0.45352	0.45449
1.7	0.45543	0.45637	0.45728	0.45818	0.45907	0.45994	0.46080	0.46164	0.46246	0.46327
1.8	0.46407	0.46485	0.46562	0.46638	0.46712	0.46784	0.46856	0.46926	0.46995	0.47062
1.9	0.47128	0.47193	0.47257	0.47320	0.47381	0.47441	0.47500	0.47558	0.47615	0.47670
2.0	0.47725	0.47778	0.47831	0.47882	0.47932	0.47982	0.48030	0.48077	0.48124	0.48169
2.1	0.48214	0.48257	0.48300	0.48341	0.48382	0.48422	0.48461	0.48500	0.48537	0.48574
2.2	0.48610	0.48645	0.48679	0.48713	0.48745	0.48778	0.48809	0.48840	0.48870	0.48899
2.3	0.48928	0.48956	0.48983	0.49036	0.49061	0.49086	0.49111	0.49134	0.49158	
2.4	0.49180	0.49202	0.49224	0.49245	0.49266	0.49286	0.49305	0.49324	0.49343	0.49361
2.5	0.49379	0.49396	0.49413	0.49430	0.49446	0.49461	0.49477	0.49492	0.49506	0.49520
2.6	0.49534	0.49547	0.49560	0.49573	0.49585	0.49598	0.49609	0.49621	0.49632	0.49643
2.7	0.49653	0.49664	0.49674	0.49683	0.49693	0.49702	0.49711	0.49720	0.49728	0.49736
2.8	0.49744	0.49752	0.49760	0.49767	0.49774	0.49781	0.49788	0.49795	0.49801	0.49807
2.9	0.49813	0.49819	0.49825	0.49831	0.49836	0.49841	0.49846	0.49851	0.49856	0.49861
3.0	0.49865	0.49869	0.49874	0.49878	0.49882	0.49886	0.49889	0.49893	0.49897	0.49900
3.1	0.49903	0.49906	0.49910	0.49913	0.49916	0.49918	0.49921	0.49924	0.49926	0.49929
3.2	0.49931	0.49934	0.49936	0.49938	0.49940	0.49942	0.49944	0.49946	0.49948	0.49950
3.3	0.49952	0.49953	0.49955	0.49957	0.49958	0.49960	0.49961	0.49962	0.49964	0.49965
3.4	0.49966	0.49968	0.49969	0.49970	0.49971	0.49972	0.49973	0.49974	0.49975	0.49976
3.5	0.49977	0.49978	0.49978	0.49979	0.49980	0.49981	0.49981	0.49982	0.49983	0.49983
3.6	0.49984	0.49985	0.49985	0.49986	0.49986	0.49987	0.49987	0.49988	0.49988	0.49989
3.7	0.49989	0.49990	0.49990	0.49990	0.49991	0.49991	0.49992	0.49992	0.49992	0.49992
3.8	0.49993	0.49993	0.49993	0.49994	0.49994	0.49994	0.49994	0.49995	0.49995	0.49995
3.9	0.49995	0.49995	0.49996	0.49996	0.49996	0.49996	0.49996	0.49996	0.49997	0.49997

付表3 x^2 分布表

$n, P \to x_n^2(P)$

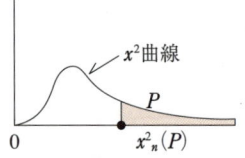

n\P	.995	.99	.975	.95	.90	.10	.05	.025	.01	.005
1	0.0⁴393	0.0³157	0.0³982	0.0²3	0.0158	2.71	3.84	5.02	6.63	7.88
2	0.0100	0.0210	0.0506	0.0103	0.211	4.61	5.99	7.38	9.21	10.60
3	0.0717	0.115	0.216	0.352	0.584	6.25	7.81	9.35	11.34	12.84
4	0.207	0.297	0.484	0.711	1.064	7.78	9.49	11.14	13.28	14.86
5	0.412	0.554	0.831	1.145	1.610	9.24	11.07	12.83	15.09	16.75
6	0.676	0.872	1.237	1.635	2.20	10.64	12.59	14.45	16.81	18.55
7	0.989	1.239	1.690	2.17	2.83	12.02	14.07	16.01	18.48	20.3
8	1.344	1.646	2.18	2.73	3.49	13.36	15.51	17.53	20.1	22.0
9	1.735	2.09	2.70	3.33	4.17	14.68	16.92	19.02	21.7	23.6
10	2.16	2.56	3.25	3.94	4.87	15.99	18.31	20.5	23.2	25.2
11	2.60	3.05	3.82	4.57	5.58	17.28	19.68	21.9	24.7	26.8
12	3.07	3.57	4.40	5.23	6.30	18.55	21.0	23.3	26.2	28.3
13	3.57	4.11	5.01	5.89	7.04	19.81	22.4	24.7	27.7	29.8
14	4.07	4.66	5.63	6.57	7.79	21.1	23.7	26.1	29.1	31.3
15	4.60	5.23	6.26	7.26	8.55	22.3	25.0	27.5	30.6	32.8
16	5.14	5.81	6.91	7.96	9.31	23.5	26.3	28.8	32.0	34.3
17	5.70	6.41	7.56	8.67	10.09	24.8	27.6	30.2	33.4	35.7
18	6.26	7.01	8.23	9.39	10.86	26.0	28.9	31.5	34.8	37.2
19	6.84	7.63	8.91	10.12	11.65	27.2	30.1	32.9	36.2	38.6
20	7.43	8.26	9.59	10.85	12.44	28.4	31.4	34.2	37.6	40.0
21	8.03	8.90	10.28	11.59	13.24	29.6	32.7	35.5	38.9	41.4
22	8.64	9.54	10.98	12.34	14.04	30.8	33.9	36.8	40.3	42.8
23	9.26	10.20	11.69	13.09	14.85	32.0	35.2	38.1	41.6	44.2
24	9.89	10.86	12.40	13.85	15.66	33.2	36.4	39.4	43.0	45.6
25	10.52	11.52	13.12	14.61	16.47	34.4	37.7	40.6	44.3	46.9
26	11.16	12.20	13.84	15.38	17.29	35.6	38.9	41.9	45.6	48.3
27	11.81	12.88	14.57	16.25	18.11	36.7	40.1	43.2	47.0	49.6
28	12.46	13.56	15.31	16.93	18.94	37.9	41.3	44.5	48.3	51.0
29	13.12	14.26	16.05	17.71	19.77	39.1	42.6	45.7	49.6	52.3
30	13.79	14.95	16.79	18.49	20.6	40.3	43.8	47.0	50.9	53.7
40	20.7	22.2	24.4	26.5	29.1	51.8	55.8	59.3	63.7	66.8
50	28.0	29.7	32.4	34.8	37.7	63.2	67.5	71.4	76.2	79.5
60	35.5	37.5	40.5	43.2	46.5	74.4	79.1	83.3	88.4	92.0
70	43.3	45.4	48.8	51.7	55.3	85.5	90.5	95.0	100.4	104.2
80	51.2	53.5	57.2	60.4	64.3	96.6	101.9	106.6	112.3	116.3
90	59.2	61.8	65.6	69.1	73.3	107.6	113.1	118.1	124.1	128.3
100	67.3	70.1	74.2	77.9	82.4	118.5	124.3	129.6	135.8	140.2
y_p	-2.58	-2.33	-1.96	-1.64	-1.28	1.282	1.645	1.960	2.33	2.58

付表4　t 分布表

$\alpha = P(|T| \geq t_n(\alpha))$
$= 1 - \int_{-t_n(\alpha)}^{t_n(\alpha)} f_n(t)\, dt \longrightarrow t_n(\alpha)$

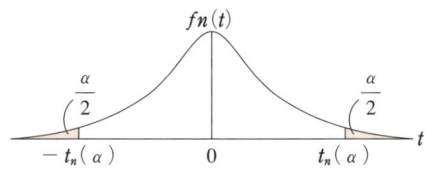

n (自由度) \ α	0.50	0.25	0.10	0.05	0.025	0.01	0.005
1	1.0000	2.4142	6.3138	12.706	25.452	63.657	127.32
2	0.8165	1.6036	2.9200	4.3027	6.2053	9.9248	14.089
3	0.7649	1.4226	2.3534	3.1825	4.1765	5.8409	7.4533
4	0.7407	1.3444	2.1318	2.7764	3.4954	4.6041	5.5976
5	0.7267	1.3009	2.0150	2.5706	3.1634	4.0321	4.7733
6	0.7176	1.2733	1.9432	2.4469	2.9687	3.7074	4.3168
7	0.7111	1.2543	1.8946	2.3646	2.8412	3.4995	4.0293
8	0.7064	1.2403	1.8595	2.3060	2.7515	3.3554	3.8325
9	0.7027	1.2297	1.8331	2.2622	2.6850	3.2498	3.6897
10	0.6998	1.2213	1.8125	2.2281	2.6338	3.1693	3.5814
11	0.6975	1.2145	1.7959	2.2010	2.5931	3.1058	3.4966
12	0.6955	1.2089	1.7823	2.1788	2.5600	3.0545	3.4284
13	0.6938	1.2041	1.7709	2.1604	2.5326	3.0123	3.3725
14	0.6924	1.2001	1.7613	2.1448	2.5096	2.9768	3.3257
15	0.6912	1.1967	1.7530	2.1315	2.4899	2.9467	3.2860
16	0.6901	1.1937	1.7459	2.1199	2.4729	2.9208	3.2520
17	0.6892	1.1910	1.7396	2.1098	2.4581	2.8982	3.2225
18	0.6884	1.1887	1.7341	2.1009	2.4450	2.8784	3.1966
19	0.6876	1.1866	1.7291	2.0930	2.4334	2.8609	3.1737
20	0.6870	1.1848	1.7247	2.0860	2.4231	2.8453	3.1534
21	0.6864	1.1831	1.7207	2.0796	2.4138	2.8314	3.1352
22	0.6858	1.1816	1.7171	2.0739	2.4055	2.8188	3.1188
23	0.6853	1.1802	1.7139	2.0687	2.3979	2.8073	3.1040
24	0.6849	1.1789	1.7109	2.0639	2.3910	2.7969	3.0905
25	0.6844	1.1777	1.7081	2.0595	2.3846	2.7874	3.0782
26	0.6841	1.1766	1.7056	2.0555	2.3788	2.7787	3.0669
27	0.6837	1.1757	1.7033	2.0518	2.3734	2.7707	3.0565
28	0.6834	1.1748	1.7011	2.0484	2.3685	2.7633	3.0469
29	0.6830	1.1739	1.6991	2.0452	2.3638	2.7564	3.0380
30	0.6828	1.1731	1.6973	2.0423	2.3596	2.7500	3.0298
40	0.6807	1.1673	1.6839	2.0211	2.3289	2.7045	2.9712
60	0.6786	1.1616	1.6707	2.0003	2.2991	2.6603	2.9146
120	0.6766	1.1559	1.6577	1.9799	2.2699	2.6174	2.8599
∞	0.6745	1.1503	1.6449	1.9600	2.2414	2.5758	2.8070

付表 5 F 分布表 (5%表)

$F(n, m; 0.05)$

m\n	1	2	3	4	5	6	7	8	9	10	12	15	20	24	30	40	60	120	∞
1	161	200	216	225	230	234	237	239	241	242	244	246	248	249	250	251	252	253	254
2	18.5	19.0	19.2	19.2	19.3	19.3	19.4	19.4	19.4	19.4	19.4	19.4	19.4	19.5	19.5	19.5	19.5	19.5	19.5
3	10.1	9.55	9.28	9.12	9.01	8.94	8.89	8.85	8.81	8.79	8.74	8.70	8.66	8.64	8.62	8.59	8.57	8.55	8.53
4	7.71	6.94	6.59	6.39	6.26	6.16	6.09	6.04	6.00	5.96	5.91	5.86	5.80	5.77	5.75	5.72	5.69	5.66	5.63
5	6.61	5.79	5.41	5.19	5.05	4.95	4.88	4.82	4.77	4.74	4.68	4.62	4.56	4.53	4.50	4.46	4.43	4.40	4.36
6	5.99	5.14	4.76	4.53	4.39	4.28	4.21	4.15	4.10	4.06	4.00	3.94	3.87	3.84	3.81	3.77	3.74	3.70	3.67
7	5.59	4.74	4.35	4.12	3.97	3.87	3.79	3.73	3.68	3.64	3.57	3.51	3.44	3.41	3.38	3.34	3.30	3.27	3.23
8	5.32	4.46	4.07	3.84	3.69	3.58	3.50	3.44	3.39	3.35	3.28	3.22	3.15	3.12	3.08	3.04	3.01	2.97	2.93
9	5.12	4.26	3.86	3.63	3.48	3.37	3.29	3.23	3.18	3.14	3.07	3.01	2.94	2.90	2.86	2.83	2.79	2.75	2.71
10	4.96	4.10	3.71	3.48	3.33	3.22	3.14	3.07	3.02	2.98	2.91	2.85	2.77	2.74	2.70	2.66	2.62	2.58	2.54
11	4.84	3.98	3.59	3.36	3.20	3.09	3.01	2.95	2.90	2.85	2.79	2.72	2.65	2.61	2.57	2.53	2.49	2.45	2.40
12	4.75	3.89	3.49	3.26	3.11	3.00	2.91	2.85	2.80	2.75	2.69	2.62	2.54	2.51	2.47	2.43	2.38	2.34	2.30
13	4.67	3.81	3.41	3.18	3.03	2.92	2.83	2.77	2.71	2.67	2.60	2.53	2.46	2.42	2.38	2.34	2.30	2.25	2.21
14	4.60	3.74	3.34	3.11	2.96	2.85	2.76	2.70	2.65	2.60	2.53	2.46	2.39	2.35	2.31	2.27	2.22	2.18	2.13
15	4.54	3.68	3.29	3.06	2.90	2.79	2.71	2.64	2.59	2.54	2.48	2.40	2.33	2.29	2.25	2.20	2.16	2.11	2.07
16	4.49	3.63	3.24	3.01	2.85	2.74	2.66	2.59	2.54	2.49	2.42	2.35	2.28	2.24	2.19	2.15	2.11	2.06	2.01
17	4.45	3.59	3.20	2.96	2.81	2.70	2.61	2.55	2.49	2.45	2.38	2.31	2.23	2.19	2.15	2.10	2.06	2.01	1.96
18	4.41	3.55	3.16	2.93	2.77	2.66	2.58	2.51	2.46	2.41	2.34	2.27	2.19	2.15	2.11	2.06	2.02	1.97	1.92
19	4.38	3.52	3.13	2.90	2.74	2.63	2.54	2.48	2.42	2.38	2.31	2.23	2.16	2.11	2.07	2.03	1.98	1.93	1.88
20	4.35	3.49	3.10	2.87	2.71	2.60	2.51	2.45	2.39	2.35	2.28	2.20	2.12	2.08	2.04	1.99	1.95	1.90	1.84
21	4.32	3.47	3.07	2.84	2.68	2.57	2.49	2.42	2.37	2.32	2.25	2.18	2.10	2.05	2.01	1.96	1.92	1.87	1.81
22	4.30	3.44	3.05	2.82	2.66	2.55	2.46	2.40	2.34	2.30	2.23	2.15	2.07	2.03	1.98	1.94	1.89	1.84	1.78
23	4.28	3.42	3.03	2.80	2.64	2.53	2.44	2.37	2.32	2.27	2.20	2.13	2.05	2.01	1.96	1.91	1.86	1.81	1.76
24	4.26	3.40	3.01	2.78	2.62	2.51	2.42	2.36	2.30	2.25	2.18	2.11	2.03	1.98	1.94	1.89	1.84	1.79	1.73
25	4.24	3.39	2.99	2.76	2.60	2.49	2.40	2.34	2.28	2.24	2.16	2.09	2.01	1.96	1.92	1.87	1.82	1.77	1.71
26	4.23	3.37	2.98	2.74	2.59	2.47	2.39	2.32	2.27	2.22	2.15	2.07	1.99	1.95	1.90	1.85	1.80	1.75	1.69
27	4.21	3.35	2.96	2.73	2.57	2.46	2.37	2.31	2.25	2.20	2.13	2.06	1.97	1.93	1.88	1.84	1.79	1.73	1.67
28	4.20	3.34	2.95	2.71	2.56	2.45	2.36	2.29	2.24	2.19	2.12	2.04	1.96	1.91	1.87	1.82	1.77	1.71	1.65
29	4.18	3.33	2.93	2.70	2.55	2.43	2.35	2.28	2.22	2.18	2.10	2.03	1.94	1.90	1.85	1.81	1.75	1.70	1.64
30	4.17	3.32	2.92	2.69	2.53	2.42	2.33	2.27	2.21	2.16	2.09	2.01	1.93	1.89	1.84	1.79	1.74	1.68	1.62
40	4.08	3.23	2.84	2.61	2.45	2.34	2.25	2.18	2.12	2.08	2.00	1.92	1.84	1.79	1.74	1.69	1.64	1.58	1.51
60	4.00	3.15	2.76	2.53	2.37	2.25	2.17	2.10	2.04	1.99	1.92	1.84	1.75	1.70	1.65	1.59	1.53	1.47	1.39
120	3.92	3.07	2.68	2.45	2.29	2.17	2.09	2.02	1.96	1.91	1.83	1.75	1.66	1.61	1.55	1.50	1.43	1.35	1.25
∞	3.84	3.00	2.60	2.37	2.21	2.10	2.01	1.94	1.88	1.83	1.75	1.67	1.57	1.52	1.46	1.39	1.32	1.22	1.00

付表 6　F 分布表（2.5％表）

n\m	1	2	3	4	5	6	7	8	9	10	12	15	20	24	30	40	60	120	∞
1	648	800	864	900	922	937	948	957	963	969	977	985	993	997	1000	1010	1010	1010	1020
2	38.5	39.0	39.2	39.2	39.3	39.3	39.3	39.4	39.4	39.4	39.4	39.4	39.4	39.5	39.5	39.5	39.5	39.5	39.5
3	17.4	16.0	15.4	15.1	14.9	14.7	14.6	14.5	14.5	14.4	14.3	14.3	14.2	14.1	14.1	14.0	14.0	13.9	13.9
4	12.2	10.6	9.98	9.60	9.36	9.20	9.07	8.98	8.90	8.84	8.75	8.66	8.56	8.51	8.46	8.41	8.36	8.31	8.26
5	10.0	8.43	7.76	7.39	7.15	6.98	6.85	6.76	6.68	6.62	6.52	6.43	6.33	6.28	6.23	6.18	6.12	6.07	6.02
6	8.81	7.26	6.60	6.23	5.99	5.82	5.70	5.60	5.52	5.46	5.37	5.27	5.17	5.12	5.07	5.01	4.96	4.90	4.85
7	8.07	6.54	5.89	5.52	5.29	5.12	4.99	4.90	4.82	4.76	4.67	4.57	4.47	4.42	4.36	4.31	4.25	4.20	4.14
8	7.57	6.06	5.42	5.05	4.82	4.65	4.53	4.43	4.36	4.30	4.20	4.10	4.00	3.95	3.89	3.84	3.78	3.73	3.67
9	7.21	5.71	5.08	4.72	4.48	4.32	4.20	4.10	4.03	3.96	3.87	3.77	3.67	3.61	3.56	3.51	3.45	3.39	3.33
10	6.94	5.46	4.83	4.47	4.24	4.07	3.95	3.85	3.78	3.72	3.62	3.52	3.42	3.37	3.31	3.26	3.20	3.14	3.08
11	6.72	5.26	4.63	4.28	4.04	3.88	3.76	3.66	3.59	3.53	3.43	3.33	3.23	3.17	3.12	3.06	3.00	2.94	2.88
12	6.55	5.10	4.47	4.12	3.89	3.73	3.61	3.51	3.44	3.37	3.28	3.18	3.07	3.02	2.96	2.91	2.85	2.79	2.72
13	6.41	4.97	4.35	4.00	3.77	3.60	3.48	3.39	3.31	3.25	3.15	3.05	2.95	2.89	2.84	2.78	2.72	2.66	2.60
14	6.30	4.86	4.24	3.89	3.66	3.50	3.38	3.29	3.21	3.15	3.05	2.95	2.84	2.79	2.73	2.67	2.61	2.55	2.49
15	6.20	4.77	4.15	3.80	3.58	3.41	3.29	3.20	3.12	3.06	2.96	2.86	2.76	2.70	2.64	2.59	2.52	2.46	2.40
16	6.12	4.69	4.08	3.73	3.50	3.34	3.22	3.12	3.05	2.99	2.89	2.79	2.68	2.63	2.57	2.51	2.45	2.38	2.32
17	6.04	4.62	4.01	3.66	3.44	3.28	3.16	3.06	2.98	2.92	2.82	2.72	2.62	2.56	2.50	2.44	2.38	2.32	2.25
18	5.98	4.56	3.95	3.61	3.38	3.22	3.10	3.01	2.93	2.87	2.77	2.67	2.56	2.50	2.44	2.38	2.32	2.26	2.19
19	5.92	4.51	3.90	3.56	3.33	3.17	3.05	2.96	2.88	2.82	2.72	2.62	2.51	2.45	2.39	2.33	2.27	2.20	2.13
20	5.87	4.46	3.86	3.51	3.29	3.13	3.01	2.91	2.84	2.77	2.68	2.57	2.46	2.41	2.35	2.29	2.22	2.16	2.09
21	5.83	4.42	3.82	3.48	3.25	3.09	2.97	2.87	2.80	2.73	2.64	2.53	2.42	2.37	2.31	2.25	2.18	2.11	2.04
22	5.79	4.38	3.78	3.44	3.22	3.05	2.93	2.84	2.76	2.70	2.60	2.50	2.39	2.33	2.27	2.21	2.14	2.08	2.00
23	5.75	4.35	3.75	3.41	3.18	3.02	2.90	2.81	2.73	2.67	2.57	2.47	2.36	2.30	2.24	2.18	2.11	2.04	1.97
24	5.72	4.32	3.72	3.38	3.15	2.99	2.87	2.78	2.70	2.64	2.54	2.44	2.33	2.27	2.21	2.15	2.08	2.01	1.94
25	5.69	4.29	3.69	3.35	3.13	2.97	2.85	2.75	2.68	2.61	2.51	2.41	2.30	2.24	2.18	2.12	2.05	1.98	1.91
26	5.66	4.27	3.67	3.33	3.10	2.94	2.82	2.73	2.65	2.59	2.49	2.39	2.28	2.22	2.16	2.09	2.03	1.95	1.88
27	5.63	4.24	3.65	3.31	3.08	2.92	2.80	2.71	2.63	2.57	2.47	2.36	2.25	2.19	2.13	2.07	2.00	1.93	1.85
28	5.61	4.22	3.63	3.29	3.06	2.90	2.78	2.69	2.61	2.55	2.45	2.34	2.23	2.17	2.11	2.05	1.98	1.91	1.83
29	5.59	4.20	3.61	3.27	3.04	2.88	2.76	2.67	2.59	2.53	2.43	2.32	2.21	2.15	2.09	2.03	1.96	1.89	1.81
30	5.57	4.18	3.59	3.25	3.03	2.87	2.75	2.65	2.57	2.51	2.41	2.31	2.20	2.14	2.07	2.01	1.94	1.87	1.79
40	5.42	4.05	3.46	3.13	2.90	2.74	2.62	2.53	2.45	2.39	2.29	2.18	2.07	2.01	1.94	1.88	1.80	1.72	1.64
60	5.29	3.93	3.34	3.01	2.79	2.63	2.51	2.41	2.33	2.27	2.17	2.06	1.94	1.88	1.82	1.74	1.67	1.58	1.48
120	5.15	3.80	3.23	2.89	2.67	2.52	2.39	2.30	2.22	2.16	2.05	1.94	1.82	1.76	1.69	1.61	1.53	1.43	1.31
∞	5.02	3.69	3.12	2.79	2.57	2.41	2.29	2.19	2.11	2.05	1.94	1.83	1.71	1.64	1.57	1.48	1.39	1.27	1.00

$F(n, m; 0.025)$

付表 7　F 分布表 (1%表)

n\\m	1	2	3	4	5	6	7	8	9	10	12	15	20	24	30	40	60	120	∞
1	4050	5000	5400	5620	5760	5860	5930	5980	6020	6060	6110	6160	6210	6230	6260	6290	6310	6340	6370
2	98.5	99.0	99.2	99.2	99.3	99.3	99.4	99.4	99.4	99.4	99.4	99.4	99.4	99.5	99.5	99.5	99.5	99.5	99.5
3	34.1	30.8	29.5	28.7	28.2	27.9	27.7	27.5	27.3	27.2	27.1	26.9	26.7	26.6	26.5	26.4	26.3	26.2	26.1
4	21.2	18.0	16.7	16.0	15.5	15.2	15.0	14.8	14.7	14.5	14.4	14.2	14.0	13.9	13.8	13.7	13.7	13.6	13.5
5	16.3	13.3	12.1	11.4	11.0	10.7	10.5	10.3	10.2	10.1	9.89	9.72	9.55	9.47	9.38	9.29	9.20	9.11	9.02
6	13.7	10.9	9.78	9.15	8.75	8.47	8.26	8.10	7.98	7.87	7.72	7.56	7.40	7.31	7.23	7.14	7.06	6.97	6.88
7	12.2	9.55	8.45	7.85	7.46	7.19	6.99	6.84	6.72	6.62	6.47	6.31	6.16	6.07	5.99	5.91	5.82	5.74	5.65
8	11.3	8.65	7.59	7.01	6.63	6.37	6.18	6.03	5.91	5.81	5.67	5.52	5.36	5.28	5.20	5.12	5.03	4.95	4.86
9	10.6	8.02	6.99	6.42	6.06	5.80	5.61	5.47	5.35	5.26	5.11	4.96	4.81	4.73	4.65	4.57	4.48	4.40	4.31
10	10.0	7.56	6.55	5.99	5.64	5.39	5.20	5.06	4.94	4.85	4.71	4.56	4.41	4.33	4.25	4.17	4.08	4.00	3.91
11	9.65	7.21	6.22	5.67	5.32	5.07	4.89	4.74	4.63	4.54	4.40	4.25	4.10	4.02	3.94	3.86	3.78	3.69	3.60
12	9.33	6.93	5.95	5.41	5.06	4.82	4.64	4.50	4.39	4.30	4.16	4.01	3.86	3.78	3.70	3.62	3.54	3.45	3.36
13	9.07	6.70	5.74	5.21	4.86	4.62	4.44	4.30	4.19	4.10	3.96	3.82	3.66	3.59	3.51	3.43	3.34	3.25	3.17
14	8.86	6.51	5.56	5.04	4.69	4.46	4.28	4.14	4.03	3.94	3.80	3.66	3.51	3.43	3.35	3.27	3.18	3.09	3.00
15	8.68	6.36	5.42	4.89	4.56	4.32	4.14	4.00	3.89	3.80	3.67	3.52	3.37	3.29	3.21	3.13	3.05	2.96	2.87
16	8.53	6.23	5.29	4.77	4.44	4.20	4.03	3.89	3.78	3.69	3.55	3.41	3.26	3.18	3.10	3.02	2.93	2.84	2.75
17	8.40	6.11	5.18	4.67	4.34	4.10	3.93	3.79	3.68	3.59	3.46	3.31	3.16	3.08	3.00	2.92	2.83	2.75	2.65
18	8.29	6.01	5.09	4.58	4.25	4.01	3.84	3.71	3.60	3.51	3.37	3.23	3.08	3.00	2.92	2.84	2.75	2.66	2.57
19	8.18	5.93	5.01	4.50	4.17	3.94	3.77	3.63	3.52	3.43	3.30	3.15	3.00	2.92	2.84	2.76	2.67	2.58	2.49
20	8.10	5.85	4.94	4.43	4.10	3.87	3.70	3.56	3.46	3.37	3.23	3.09	2.94	2.86	2.78	2.69	2.61	2.52	2.42
21	8.02	5.78	4.87	4.37	4.04	3.81	3.64	3.51	3.40	3.31	3.17	3.03	2.88	2.80	2.72	2.64	2.55	2.46	2.36
22	7.95	5.72	4.82	4.31	3.99	3.76	3.59	3.45	3.35	3.26	3.12	2.98	2.83	2.75	2.67	2.58	2.50	2.40	2.31
23	7.88	5.66	4.76	4.26	3.94	3.71	3.54	3.41	3.30	3.21	3.07	2.93	2.78	2.70	2.62	2.54	2.45	2.35	2.26
24	7.82	5.61	4.72	4.22	3.90	3.67	3.50	3.36	3.26	3.17	3.03	2.89	2.74	2.66	2.58	2.49	2.40	2.31	2.21
25	7.77	5.57	4.68	4.18	3.85	3.63	3.46	3.32	3.22	3.13	2.99	2.85	2.70	2.62	2.54	2.45	2.36	2.27	2.17
26	7.72	5.53	4.64	4.14	3.82	3.59	3.42	3.29	3.18	3.09	2.96	2.81	2.66	2.58	2.50	2.42	2.33	2.23	2.13
27	7.68	5.49	4.60	4.11	3.78	3.56	3.39	3.26	3.15	3.06	2.93	2.78	2.63	2.55	2.47	2.38	2.29	2.20	2.10
28	7.64	5.45	4.57	4.07	3.75	3.53	3.36	3.23	3.12	3.03	2.90	2.75	2.60	2.52	2.44	2.35	2.26	2.17	2.06
29	7.60	5.42	4.54	4.04	3.73	3.50	3.33	3.20	3.09	3.00	2.87	2.73	2.57	2.49	2.41	2.33	2.23	2.14	2.03
30	7.56	5.39	4.51	4.02	3.70	3.47	3.30	3.17	3.07	2.98	2.84	2.70	2.55	2.47	2.39	2.30	2.21	2.11	2.01
40	7.31	5.18	4.31	3.83	3.51	3.29	3.12	2.99	2.89	2.80	2.66	2.52	2.37	2.29	2.20	2.11	2.02	1.92	1.80
60	7.08	4.98	4.13	3.65	3.34	3.12	2.95	2.82	2.72	2.63	2.50	2.35	2.20	2.12	2.03	1.94	1.84	1.73	1.60
120	6.85	4.79	3.95	3.48	3.17	2.96	2.79	2.66	2.56	2.47	2.34	2.19	2.03	1.95	1.86	1.76	1.66	1.53	1.38
∞	6.63	4.61	3.78	3.32	3.02	2.80	2.64	2.51	2.41	2.32	2.18	2.04	1.88	1.79	1.70	1.59	1.47	1.32	1.00

付表 8 　z 変換表

z 変換表 1　　　$r \longrightarrow z = \dfrac{1}{2}\log\dfrac{1+r}{1-r}$

r	0.00	0.01	0.02	0.03	0.04	0.05	0.06	0.07	0.08	0.09
0.0	0.000	0.010	0.020	0.030	0.040	0.050	0.060	0.070	0.080	0.090
0.1	0.100	0.110	0.121	0.131	0.141	0.151	0.161	0.172	0.182	0.192
0.2	0.203	0.213	0.224	0.234	0.245	0.255	0.266	0.277	0.288	0.299
0.3	0.310	0.321	0.332	0.343	0.354	0.365	0.377	0.388	0.400	0.412
0.4	0.424	0.436	0.448	0.460	0.472	0.485	0.497	0.510	0.523	0.536
0.5	0.549	0.563	0.576	0.590	0.604	0.618	0.633	0.648	0.662	0.678
0.6	0.693	0.709	0.725	0.741	0.758	0.775	0.793	0.811	0.829	0.848
0.7	0.867	0.887	0.908	0.929	0.950	0.973	0.996	1.020	1.045	1.071
0.8	1.099	1.127	1.157	1.188	1.221	1.256	1.293	1.333	1.376	1.422
0.9	1.472	1.528	1.589	1.658	1.738	1.832	1.964	2.092	2.298	2.647

z 変換表 2　　　$z = \dfrac{1}{2}\log\dfrac{1+r}{1-r} \longrightarrow r$

z	0.00	0.01	0.02	0.03	0.04	0.05	0.06	0.07	0.08	0.09
0.0	0.0000	0.0100	0.0200	0.0300	0.0400	0.0500	0.0599	0.0699	0.0798	0.0898
0.1	0.0997	0.1096	0.1194	0.1293	0.1391	0.1489	0.1586	0.1684	0.1781	0.1877
0.2	0.1974	0.2070	0.2165	0.2260	0.2355	0.2449	0.2543	0.2636	0.2729	0.2821
0.3	0.2913	0.3004	0.3095	0.3185	0.3275	0.3364	0.3452	0.3540	0.3627	0.3714
0.4	0.3800	0.3885	0.3969	0.4053	0.4136	0.4219	0.4301	0.4382	0.4462	0.4542
0.5	0.4621	0.4699	0.4777	0.4854	0.4930	0.5005	0.5080	0.5154	0.5227	0.5299
0.6	0.5370	0.5441	0.5511	0.5580	0.5649	0.5717	0.5784	0.5850	0.5915	0.5980
0.7	0.6044	0.6107	0.6169	0.6231	0.6291	0.6351	0.6411	0.6469	0.6527	0.6584
0.8	0.6640	0.6696	0.6751	0.6805	0.6858	0.6911	0.6963	0.7014	0.7064	0.7114
0.9	0.7163	0.7211	0.7259	0.7306	0.7352	0.7398	0.7443	0.7487	0.7531	0.7574
1.0	0.7616	0.7658	0.7699	0.7739	0.7779	0.7819	0.7857	0.7895	0.7932	0.7969
1.1	0.8005	0.8041	0.8076	0.8110	0.8144	0.8178	0.8210	0.8243	0.8275	0.8306
1.2	0.8337	0.8367	0.8397	0.8426	0.8455	0.8483	0.8511	0.8538	0.8565	0.8591
1.3	0.8617	0.8643	0.8668	0.8692	0.8717	0.8741	0.8764	0.8787	0.8810	0.8832
1.4	0.8854	0.8875	0.8896	0.8917	0.8937	0.8957	0.8977	0.8996	0.9015	0.9033
1.5	0.9051	0.9069	0.9087	0.9104	0.9121	0.9138	0.9154	0.9170	0.9186	0.9201
1.6	0.9217	0.9232	0.9246	0.9261	0.9275	0.9289	0.9302	0.9316	0.9329	0.9341
1.7	0.9354	0.9366	0.9379	0.9391	0.9402	0.9414	0.9425	0.9436	0.9447	0.9458
1.8	0.94681	0.94783	0.94884	0.94983	0.95080	0.95175	0.95268	0.95359	0.95449	0.95537
1.9	0.95624	0.95709	0.95792	0.95873	0.95953	0.96032	0.96109	0.96185	0.96259	0.96331
2.0	0.96403	0.96473	0.96541	0.96909	0.96675	0.96739	0.96803	0.96865	0.96926	0.96986
2.1	0.97045	0.97103	0.97159	0.97215	0.97269	0.97323	0.97375	0.97427	0.97477	0.97526
2.2	0.97574	0.97622	0.97668	0.97714	0.97759	0.97803	0.97846	0.97888	0.97929	0.97970
2.3	0.98010	0.98049	0.98087	0.98124	0.98161	0.98197	0.98233	0.98267	0.98301	0.98335
2.4	0.98367	0.98399	0.98431	0.98462	0.98492	0.98522	0.98551	0.98579	0.98607	0.98635
2.5	0.98661	0.98688	0.98714	0.98739	0.98764	0.98788	0.98812	0.98835	0.98858	0.98881
2.6	0.98903	0.98924	0.98945	0.98966	0.98987	0.99007	0.99026	0.99045	0.99064	0.99083
2.7	0.99101	0.99118	0.99136	0.99153	0.99170	0.99186	0.99202	0.99218	0.99233	0.99248
2.8	0.99263	0.99278	0.99292	0.99306	0.99320	0.99333	0.99346	0.99359	0.99372	0.99384
2.9	0.99396	0.99408	0.99420	0.99431	0.99443	0.99454	0.99464	0.99475	0.99485	0.99495

	0.0	0.1	0.2	0.3	0.4	0.5	0.6	0.7	0.8	0.9
3	0.99505	0.99595	0.99668	0.99728	0.99777	0.99818	0.99851	0.99878	0.99900	0.99918
4	0.99933	0.99945	0.99955	0.99963	0.99970	0.99975	0.99980	0.99983	0.99986	0.99989

付表9　マン・ホイットニー検定表

順位和検定の下側2.5パーセント点

n \ m	1	2	3	4	5	6	7	8	9	10
1	—									
2	—	—								
3	—	—	—							
4	—	—	—	10						
5	—	—	6	11	17					
6	—	—	7	12	18	26				
7	—	—	7	13	20	27	36			
8	—	3	8	14	21	29	38	49		
9	—	3	8	14	22	31	40	51	62	
10	—	3	9	15	23	32	42	53	65	78
11	—	3	9	16	24	34	44	55	68	81
12	—	4	10	17	26	35	46	58	71	84
13	—	4	10	18	27	37	48	60	73	88
14	—	4	11	19	28	38	50	62	76	91
15	—	4	11	20	29	40	52	65	79	94
16	—	4	12	21	30	42	54	67	82	97
17	—	5	12	21	32	43	56	70	84	100
18	—	5	13	22	33	45	58	72	87	103
19	—	5	13	23	34	46	60	74	90	107
20	—	5	14	24	35	48	62	77	93	110

　2標本問題に対する順位和検定(ウィルコクソン検定，マン-ホイットニー検定)において，順位和の棄却点はこの表から読みとれる．

　2組の標本の個数のうち，どちらか大きくない方を m，他方を n とする．上側2.5パーセント点は上で求めた値を $m(m+n+1)$ から引くことで得られる．大きい m, n に対しては正規近似を行う．

付表 10　正規確率紙

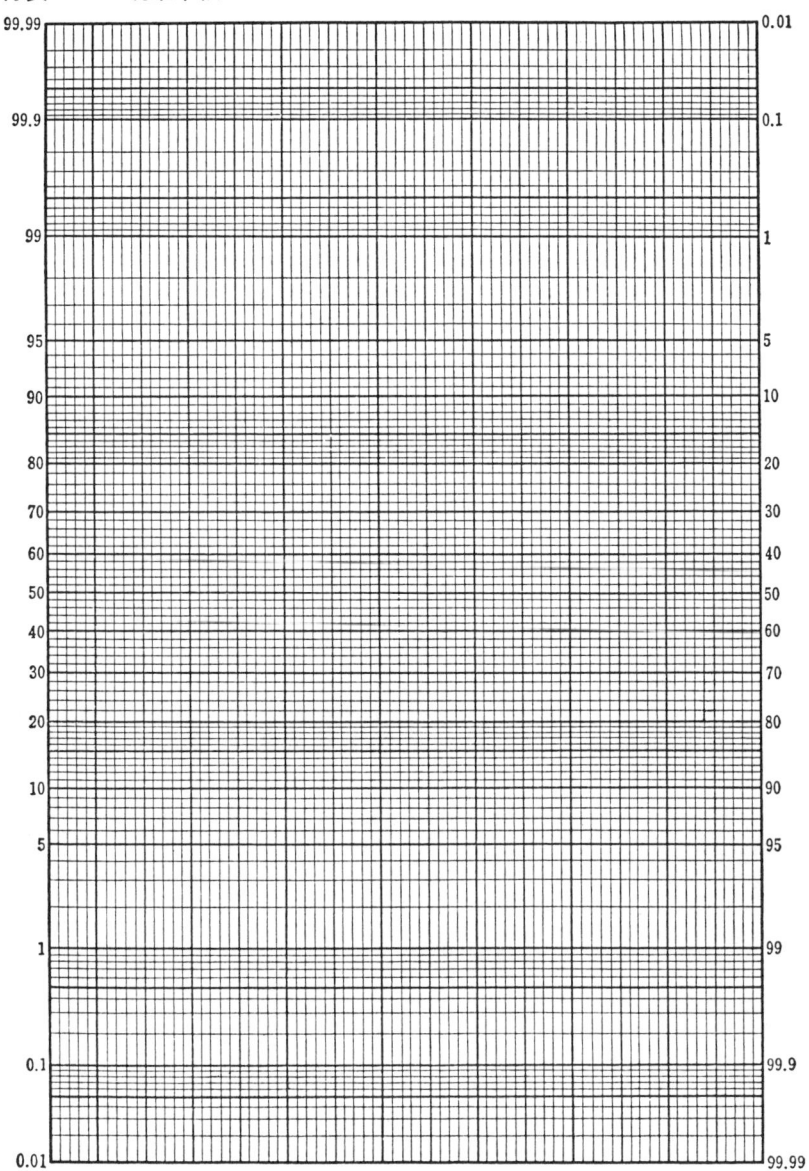

索　引

(あ行)

アンケート	11
イエーツの補正式	137
一元配置のデータ	157
一致推定量	109
位置の測度	21
移動平均	152
因子	157
ウイルク (M.B.Wilk)	78
ウェルドン (W.F.R.Weldon)	54
ヴェンの図	38
エイトケン (A.C.Aitken)	95
n 分位数	77
F 分布 (自由度 n—1, m—1)	133
大きさ n の標本	105
＿＿＿＿標本変量	105
ランゲ (Oskar Lange)	8
オッズ，オッズ比	17

(か行)

回帰係数	100
回帰直線	100
回収率	15
ガウス (K.F.Gauss)	81
階乗	46
介入疫学	150
確率	
＿＿過程	153
＿＿的帰謬法	125
＿＿紙	75
＿＿変数	52
＿＿母関数	65

条件付＿＿	41
主観的＿＿	40
客観的＿＿	40
加重平均 (重みつき平均)	22
片側検定	135
偏り	107
過誤 (第一種)	127, 128
＿＿ (第二種)	128
感度	17
加法定理	39
間隔尺度	7
ガンマ関数	116
幾何平均	23, 24
棄却域	127, 130-138, 141, 143
期待値	53
帰無仮説	126, 127, 130-142
級間変動	158
級内変動	158
行間変動	160
Q-Q プロット	77
共分散	95
空事象	37
組合せ	46
グラント (John Grant)	6
ケトレー (A.Quetelet)	22
ウイルコクソン (F.Wilcoxon)	141
χ^2 分布による適合度	135
χ^2 分布における独立性	136
ケルヴィン卿 (W.Thomson)	3
原因の確率	145
減衰率	63
検出力	128

索 引

誤差変動	160
ゴセット（W.S.Gosset）	9, 115, 116
五段階評価	79
コーディング・エラー	16
コーホート研究	150
固有根	170
固有方程式	169
コレログラム	154
根源事象	37

（さ行）

最確値	81
最頻値（モード）	26
最小二乗法の原理	81
サイクロイド曲線	84
再生性	117
最大・最小問題	83
算術平均	21
散布図	100
散布度	31
自計式	13
自己相関係数	154
事象	37
指数分布	63
悉皆（しっかい）調査	14
質的データ	7
実験群	143
実験計画	139
ジニ（Corrado Gini）	30
ジニ係数	29
実現値（確率変数の）	52
症例対照研究	150
死亡の法則	2
出生率	16
重回帰分析	164
自由度	114, 130

従属事象	43
シューハート（W.A.Shewhart）	92
集落抽出法	15
消費者危険	128
乗法定理	41
主成分分析	167
順位和による検定	140
順列	46
死力	17
事例研究	14, 150
四分位偏差	31
四分割表	16, 17, 18, 137, 138
新生児死亡率	16
信頼区間	110
信頼限界	110
信頼度	110
シンプソン（T.Simpson）	80
数標識	104
推定値	106
推定量	106
杉亨二	1, 3
スクリーニング	128
スチューデント（ゴセット）	9, 115, 116
スチューデント検定法	129
ステレオタイプ効果	11
正規検定	129
正規分布	70
正規母集団	104
生産者危険	128
積率母関数	65
z スコア	79
Z 変換	120
性比	7
線型変換	17
線型モデル	164
線型判別関数	172

索引

全事象	37
全数調査	14
全変動	158
相関係数	95, 96
相関係数の検定	141
層別抽出法	15

(た行)

対照群	143
大数の強法則	83
大数の弱法則	83, 91
大数法則	9
大量の等質性と独立性	9
他計式	13
多重比較	142
ダブルバーレル	12
多変量解析	164
単純無作為抽出法	14, 15
チェビシェフの不等式	33, 91
中位数	25
中心極限定理	94
調和平均	25
Tスコア	79
T統計量	114
t分布	114
適中度	17
データ	4, 51
──の加工	4
横断的──	150
時系列──	149, 151
点推定	110
統計的仮説検定	126
統計的規則性	8
統計値	105
統計量	10, 105
同時密度関数	119
同時分布関数	119
同様に確からしい	37
特異度	17, 128
特殊死亡率	16
独立事象	42
度数	51
度数分布表	51
トレンド	151
留置法(とめおきほう)	13
ド・モワブル(A.DeMoivre)	60

(な行)

生のデータ	2, 4
二項検定	129, 139
二項分布	56
二項母集団	105
二重盲検	143
乳児死亡率	16
ノンパラメトリック法	140

(は行)

排反	38
パスカルの三角形	48
外れ値	26
判別分析	170
ピアソン(K.Pearson)	104, 115
比尺度	7
非線型変換	18
標準化した変数	71
標準正規分布	71
標準偏差	28
標本	10
標本誤差	14
標本調査	14
標本平均	105
標本分散	105

索引

標本分布	105	ボスコビッチ(R.J.Boscovic)	32
標本問題	129	母平均	104
百分位数	30	母分散	104, 105
比率(率)	16		
敏感度	128	**(ま行)**	
フィッシャー(R.A.Fisher)	120, 162	マルコフ(A.A.Markov)	33
フィッシャーの直接確率法	138	マルコフの定理	32
フィルターすべき質問	12	マハラノビスの距離	172
不偏推定量	106	見かけ上の疑似相関	101
不偏でない標本分散	108	無記憶性	63
不偏標本分布	108	無限母集団	10
不連続な分布	83	無作為抽出法	105
分散	28, 53	名義尺度	7
分散分析表	159	面接法(アンケートの)	13
分散分析法	162	マン・ホイットニー検定	140, 141
分布範囲	27		
平滑化	152	**(や行)**	
ベイズ(Thomas Bayes)	145	有意水準	126
ベイズの公式	144	有意性検定	126
ベイズ更新	145	有効推定量	109
ベイズ統計学	145	有限母集団	10
平均偏差	29	有病率	16
平均余命	17	余事象	39
ベルヌイ(ダニエル)	80		
ベルヌイ(ヤコブ)	9	**(ら行)**	
ベルヌイ試行	53	ラグランジュ(J.L.Lagrange)	80
偏差	21	ラプラス(P.S.de Laplace)	94
変動係数	29	ラプラスの定義	37
変分問題	84	量的データ	7
ポアッソン(S.D.Poisson)	60	離散型一様分布	52
ポアッソン過程	62	離散型確率分布	53
ポアッソン分布	60	離散変量	7, 52
法則収束	83	両側検定	130
母集団	10	列間変動	160
母集団分布	104	連続な分布	83
母数	10, 11, 104	連続変量	7

索引

(わ行)

ワーディング　12

ワイヤストラス (K.T.W.Weierstrass)　83

〔著者紹介〕

安藤洋美（あんどう　ひろみ）
　　1931年兵庫県に生まれる．1953年大阪大学理学部数学科卒業．
　　現在，桃山学院大学名誉教授
　　主著　トドハンター『確率論史』，現代数学社
　　　　　リード『数理統計学者ネイマンの生涯』（共訳），現代数学社
　　　　　　　　『確率論の生い立ち』，現代数学社
　　　　　　　　『最小二乗法の歴史』，現代数学社
　　　　　　　　『多変量解析の歴史』，現代数学社
　　　　　　　　『高校数学史演習』，現代数学社

門脇光也（かどわき　みつや）
　　1936年大阪市に生まれる．大阪府立大学で福祉を，大阪市立大学の故工藤弘吉名誉
　　教授に数理統計学を学ぶ．37年間大阪市で福祉保険行政に携り，福祉部長で退官．
　　現在，花園大学社会福祉学部助教授
　　主著　リード『数理統計学者ネイマンの生涯』（共訳），現代数学社

初学者のための統計教室

2004年3月3日　初版発行	著　者	安　藤　洋　美
		門　脇　光　也
検印省略	発行者	富　田　　栄
	印刷製本	株式会社シナノ

発行所　京都市左京区鹿ヶ谷西寺之前町1　〒606-8425　株式会社 現代数学社
　　　　電話(075)751—0727　振替01010—8—11144

製本・藤沢製本所　　落丁・乱丁本はおとりかえします

ISBN 4-7687-0291-0　C 3041